发电企业典型作业
危险预知训练卡

《发电企业典型作业危险预知训练卡》编委会　编著

中国水利水电出版社
www.waterpub.com.cn
·北京·

内 容 提 要

本书作者对发电企业 150 个生产典型作业任务和 20 个工程建设典型作业任务进行了仔细的梳理分析,用表单的形式,以作业组为基本单元,在作业前针对生产特点和作业过程进行分析,制定措施,固化成危险预知训练卡,供作业人员在作业前对照训练,控制作业过程中的危险,有效预防可能发生的事故。

本书可供发电企业设备维修保养人员、工程施工人员使用,也可供其他从事施工作业活动的人员参考。

图书在版编目(CIP)数据

发电企业典型作业危险预知训练卡 / 《发电企业典型作业危险预知训练卡》编委会编著. -- 北京 : 中国水利水电出版社, 2018.11
ISBN 978-7-5170-7193-8

Ⅰ. ①发… Ⅱ. ①发… Ⅲ. ①发电厂－安全生产－安全培训－教材 Ⅳ. ①TM621

中国版本图书馆CIP数据核字(2018)第281879号

书　　名	发电企业典型作业危险预知训练卡 FADIAN QIYE DIANXING ZUOYE WEIXIAN YUZHI XUNLIAN KA
作　　者	《发电企业典型作业危险预知训练卡》编委会　编著
出版发行	中国水利水电出版社 (北京市海淀区玉渊潭南路 1 号 D 座　100038) 网址:www.waterpub.com.cn E-mail:sales@waterpub.com.cn 电话:(010)68367658(营销中心)
经　　售	北京科水图书销售中心(零售) 电话:(010)88383994、63202643、68545874 全国各地新华书店和相关出版物销售网点
排　　版	中国水利水电出版社微机排版中心
印　　刷	天津嘉恒印务有限公司
规　　格	184mm×260mm　16 开本　11.75 印张　301 千字
版　　次	2018 年 11 月第 1 版　2018 年 11 月第 1 次印刷
印　　数	0001—2000 册
定　　价	**118.00 元**

凡购买我社图书,如有缺页、倒页、脱页的,本社营销中心负责调换
版权所有·侵权必究

《发电企业典型作业危险预知训练卡》
编 委 会

主　任　张　勇

副主任　岳　乔

委　员　翟金梁　陈留生　刘思广　蒙在朗　王　浩
　　　　岳常峰　赵利民

主　编　王　浩

副主编　岳常峰

参　编　李　韬　樊金萍　司俊龙　庞训勇　张大巍
　　　　辛　勇　穆林森　宋斌辉　李国强　殷　浩
　　　　徐国强　吴　军

主　审　陈留生

审　稿　翟金梁　蒙在朗　刘思广　岳常峰　王彦领
　　　　李顺鹏　赵利民　陈　霄

前言 FOREWORD

危险预知训练是以作业组为基本单元，在作业前针对生产特点和作业过程进行分析而开展的安全教育和训练活动。目的是提高作业人员对危险的感知性，制定措施，控制作业过程中的危险，预防可能发生的事故，属于基层员工"自我安全管理"行为。开展这项工作，能够使作业人员主动参与，并把安全作为自己的事情进行主动思考，集中精力解决安全问题，提高员工对安全的关注度和学习能力。

危险预知训练的方法在国内外其他行业已经引入，但尚未在发电企业中有效运用。2017 年以来，国家电投集团河南电力有限公司（以下简称公司）狠抓安全"基层、基础、基本功"建设，强化作业风险防控，建立了危险预知训练标准，在基层班组广泛开展了危险预知训练工作。同时，基于各生产班组反复训练、总结和提炼有关作业训练卡的实际情况，公司组织危险预知训练骨干人员，结合安健环风险数据库和历年电力企业生产事故防范措施，以同类设备和系统为基础，对生产班组典型岗位重复性、重要性和风险性较大的作业进行梳理，编制了涵盖燃煤火电、燃机发电、风电、光伏等发电企业在生产运行、检修维护和工程建设方面的典型作业危险预知训练卡 170 项，汇编成册供大家参考。

本书所列危险预知训练卡仅是发电企业开展危险预知训练的指导性文件，不能替代各单位现场具体的风险分析和预控措施。各单位要以此为基础，针对班组实际工作差异，不断细化、完善危险预知训练卡库，并在实际工作中有效运用，采用针对性更强的措施。

张勇

2018 年 8 月

目录

CONTEN

前言

1

生产典型作业任务危险预知训练卡

工程建设典型作业任务危险预知训练卡

1

生产典型作业任务
危险预知训练卡

1.1 高、低压加热器检修作业危险预知训练卡

作业任务	高、低压加热器检修	作业类别	检修	作业岗位	汽机检修工
资源准备	大锤、专用扳手、通风机、12V行灯变压器、受限空间作业登记表	作业区域			汽机房

作业任务描述	高、低压加热器检修

	潜 在 的 危 险		防 范 措 施
1	蒸汽、热水未可靠隔断，可能导致工作人员烫伤、呼吸道灼伤	1	与加热器连接的所有管道、阀门应设置可靠隔断，挂牌上锁；检修周期长或阀门关闭不严时应加装堵板
2	内部汽水冲出以及人孔门盖板飞出，造成烫伤和砸伤	2	打开放水门和放空气门确认热交换器内的蒸汽和水排尽且就地压力表到零；松开人孔门法兰螺栓时应侧面站立并且周围无障碍物
3	受限空间内作业可能造成人员中暑、窒息等	3	应打开所有人孔门通风。超过40℃不得进入。应填写受限空间作业登记表，人孔门处应设置2名监护人，随时与内部人员联系。根据身体条件轮流休息。工作结束前必须清点人数
4	临时电源漏电，造成人员触电	4	使用12V行灯；检查电源盘在检验合格期内，漏电保护器完好；线缆无破损，线缆进入人孔门处应加橡皮绝缘垫
5	用大锤敲击可能造成周边人员受伤	5	检查大锤锤头无松动，不得戴手套抡大锤；非操作人员应站在操作人员侧面

1.2 高压蒸汽管道投运作业危险预知训练卡

作业任务	高压蒸汽管道投运	作业类别	运行操作	作业岗位	运行值班员
资源准备	对讲机、个人安全防护用具、板钩		作业区域		汽机房、锅炉房

作业任务描述	高压蒸汽管道投运

	潜 在 的 危 险		防 范 措 施
1	投运系统的阀门相关工作未终结，一经开启，可能造成另一工作地点人员烫伤	1	应检查投运系统阀门相关检修工作已终结
2	操作位置较高或高处作业，可能造成踏空摔伤或高空坠落	2	操作时注意脚下；应检查检修平台或脚手架牢固可靠，使用合格双挂钩安全带，高挂低用
3	系统疏水、升压速度过快导致管道、阀门爆裂，可能造成烫伤和物体打击伤害	3	系统疏水、充压应缓慢进行；应站在阀门的侧面操作阀门
4	不注意观察周围环境，危险时未及时撤离，可能造成人身伤害	4	与监盘人员保持联络畅通，相互提醒安全注意事项，发现现场声音、振动、表计等异常，立即撤离至安全地带

1.3 高温、高压汽水管道阀门检修作业危险预知训练卡

作业任务	高温、高压汽水管道阀门检修	作业类别	检修	作业岗位	机、炉检修工
资源准备	阀门研磨机、扳手、榔头、钢丝绳、手拉葫芦、铜棒		作业区域		汽机房、锅炉房

作业任务描述	高温、高压汽水管道阀门检修

潜 在 的 危 险		防 范 措 施	
1	阀门进、出口管道仍积存有蒸汽或热水，解体阀门时汽、水冲出可能造成作业人员烫伤	1	检查检修阀门连接的系统应可靠隔断；放水泄压后关闭放水门，确认管道压力到零；解体阀门时站在合适位置
2	高处作业可能造成高空坠落	2	应检查检修平台或脚手架牢固可靠，使用合格双挂钩安全带，高挂低用
3	手动葫芦、吊索、吊具失效以及对吊物捆扎不牢导致吊物脱落，造成作业人员被砸伤	3	使用前检查手拉葫芦、吊具索具外观良好；吊物脱离接触面后应检查吊点重心，确保吊物平衡，确认吊物扎牢后再继续起吊或平移；吊装物下部禁止站人
4	放松阀门弹簧时造成弹簧弹出伤人或在安装阀门螺丝时用手指伸入螺丝孔内触摸，造成手指轧伤	4	应根据阀门构造选用专用工具均衡放松弹簧；安装阀门的螺丝时，应用铜棒校正螺丝孔
5	电动工具、临时电源漏电可能造成作业人员触电	5	检查研磨机、临时电源在检验合格期内、漏电保护器完好，手持式研磨机的电缆中间无接头

1.4　高温、高压系统阀门更换作业危险预知训练卡

作业任务	高温、高压系统阀门更换	作业类别	检修	作业岗位	汽机检修工
资源准备	扳手、手锤、内六方扳手、胶皮		作业区域		机房零米高排逆止阀处

作业任务描述		高温、高压系统阀门更换	
潜在的危险		防范措施	
1	高处作业可能造成高空坠落	1	确认操作平台牢固可靠。使用合格双挂钩安全带，安全带应高挂低用
2	高空落物可能造成物体打击	2	清理高处杂物；正确穿戴安全帽、防砸鞋等防护用品；工器具应加绳绑扎，使用前后应放入工具袋中
3	电动门未停电拆线，可能造成工作人员触电受伤	3	确认电动门已停电、拆线后，方可开始工作
4	吊具或索具失效以及对吊物捆扎不当致使重物脱落，可能造成作业人员被砸伤	4	使用前检查吊具索具外观良好。吊物脱离接触面后应检查吊点重心，确保吊物平衡，确认吊物扎牢后再继续起吊或平移。禁止超载使用；吊装物下部、隔离区内禁止站人

1.5 水泵检修作业危险预知训练卡

作业任务	浆液循环泵检修	作业类别	检修	作业岗位	脱硫检修工
资源准备	氧气乙炔、割炬、气带、烤炬；轴承加热器、电源盘；电动葫芦、吊具、索具、手拉葫芦、卡环	作业区域		脱硫浆液循环泵房	

作业任务描述		浆液循环泵检修	
潜 在 的 危 险		防 范 措 施	
1	系统未泄压，拆卸泵体螺栓时，工质冲出或部件飞出，作业人员可能受到物体打击伤害	1	先打开放水门泄压，确认泵体等部位的就地压力表指针到零或无工质流出。拆卸部件时站在合适的位置
2	防止转动的措施不到位导致轴系转动，可能产生机械伤害	2	复查停电、入口门出口门关闭挂牌上锁等措施落实到位
3	氧气、乙炔使用中可能引发火灾、爆炸	3	氧气、乙炔瓶应垂直牢固固定，间离不小于8m，距离明火不小于10m，减压器、压力表、橡胶管应完好，使用专用工具开启
4	轴承加热器等用电器、临时电源漏电，可能导致作业人员触电	4	检查用电设备、临时电源盘在检验合格期内，漏电保护器完好，线缆无破损
5	电动葫芦、吊具或索具失效以及对吊物捆扎不当致使重物脱落，可能导致作业人员被砸伤	5	使用前检查电动葫芦、手拉葫芦、吊具索具外观良好。对电动葫芦、手拉葫芦进行空试。重物吊起前禁止电动葫芦移位。吊物脱离接触面后应检查吊点重心，确保吊物平衡，确认吊物扎牢后再继续起吊或平移。禁止超载使用；吊装物下部、隔离区内禁止站人
6	切割、加热作业可能引发火灾	6	清除作业区域易燃物，并配置灭火器、防火毯
7	切割、加热作业可能造成眼部和身体灼伤	7	正确佩戴防护眼镜、静电口罩或专用面罩，穿防护服

1.6 水泵法兰拆卸作业危险预知训练卡

作业任务	水泵法兰拆卸	作业类别	检修	作业岗位	汽机检修工
资源准备	扳手、手锤、撬杠、胶皮	作业区域		水泵处	

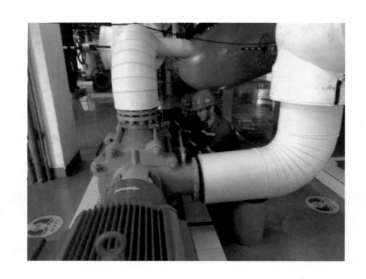

作业任务描述	水泵法兰拆卸

	潜 在 的 危 险		防 范 措 施
1	系统未泄压,拆卸泵体螺栓时,工质冲出或部件飞出,作业人员可能受到物体打击伤害	1	先打开放水门泄压,确认泵体等部位的就地压力表指针到零或无工质流出。拆卸部件时站在合适的位置
2	防止转动的措施不到位,导致轴系转动,可能发生作业人员的机械伤害	2	复查停电,入口门、出口门关闭挂牌上锁等措施落实到位
3	汽水未可靠隔断,可能造成工作人员烫伤、呼吸道灼伤	3	与门体连接的所有管道、阀门应设置可靠隔断,挂牌上锁;长期检修和阀门关闭不严应加装堵板
4	地面有积水或杂物,可能造成人员滑跌或绊倒受伤	4	拆下的部件要及时在旁边摆放整齐,有漏水时及时清扫

1.7 水泵出口逆止门检修作业危险预知训练卡

作业任务	水泵出口逆止门检修	作业类别	检修	作业岗位	汽机检修工
资源准备	扳手、手锤、铜棒、胶皮		作业区域		水泵处

作业任务描述	水泵出口逆止门检修		
潜 在 的 危 险		防 范 措 施	
1	高处作业可能造成高空坠落	1	确认操作平台牢固可靠。使用合格双挂钩安全带，应高挂低用
2	用大锤敲击可能造成周边人员受伤	2	检查大锤锤头无松动，不得戴手套抡大锤；非操作人员应站在操作人员侧面
3	汽水未可靠隔断，可能造成工作人员烫伤、呼吸道灼伤	3	与门体连接的所有管道、阀门应设置可靠隔断，挂牌上锁；长期检修和阀门关闭不严应加装堵板
4	内部汽水冲出以及人孔门盖板飞出，可能造成工作人员烫伤和砸伤	4	打开放水门和放空气门确认逆止门内的蒸汽和水排尽且就地压力表到零；松开放水门法兰螺栓时应侧面站立并且周围无障碍物
5	地面有积水或杂物，可能造成人员滑跌或绊倒受伤	5	拆下的部件要及时在旁边摆放整齐，有漏水时及时清扫

1.8 水泵更换机械密封作业危险预知训练卡

作业任务	水泵更换机械密封	作业类别	维护	作业岗位	汽机维护工
资源准备	扳手、手锤，行车、钢丝绳，卡环、内六方扳手、胶皮	作业区域		水泵处	

作业任务描述		水泵更换机械密封	
潜 在 的 危 险		**防 范 措 施**	
1	电机未停电、拆线，易造成工作人员机械伤害、触电受伤	1	确认电机未停电、拆线后，方可开始工作
2	防止转动的措施不到位导致轴系转动，可能造成工作人员机械伤害	2	复查停电、入口门出口门关闭挂牌上锁等措施落实到位
3	用大锤敲击可能造成周边人员受伤	3	检查大锤锤头无松动，不得戴手套抡大锤；非操作人员应站在操作人员侧面
4	高空落物可能造成工作人员物体打击	4	在起吊电机过程中，下方严禁站人
5	凝结水泵上方吊装位置处的平台隔板吊开后，可能造成工作人员从吊装孔坠落	5	要及时设置安全警示围栏进行硬隔离，并安排人员就地监护，在吊装工作完成后，及时将栅栏恢复原样

1.9 水泵回装作业危险预知训练卡

作业任务	水泵回装	作业类别	检修	作业岗位	汽机检修工
资源准备	电动葫芦、钢丝绳		作业区域	水泵处	

作业任务描述	雨水泵房废水泵回装

	潜 在 的 危 险		防 范 措 施
1	电动葫芦、吊具或索具失效以及对吊物捆扎不当致使重物脱落，可能造成工作人员被砸伤	1	使用前检查电动葫芦、手拉葫芦、吊具索具外观良好。对电动葫芦、手拉葫芦进行空试。重物吊起前禁止电动葫芦移位。吊物脱离接触面后应检查吊点重心，确保吊物平衡，确认吊物扎牢后再继续起吊或平移。禁止超载使用；吊装物下部、隔离区内禁止站人
2	在泵吊装过程中，工作班成员站在吊装口处，易从吊装口掉入泵坑内	2	在吊装时设置临时围栏，工作班成员应站在离吊装口稍远的安全位置，吊装完毕后，及时将围栏恢复原样
3	地面有积水或杂物，可能造成人员滑跌或绊倒受伤	3	拆下的部件要及时在旁边摆放整齐，有漏水时及时清扫

1.10 循环水泵出口液控阀检修作业危险预知训练卡

作业任务	循环水泵出口液控阀检修	作业类别	检修	作业岗位	汽机检修工
资源准备	扳手、手锤、行车、钢丝绳、内六方扳手、油桶、胶皮	作业区域		循环水泵房出口液控阀门处	

作业任务描述	循环水泵出口液控阀检修

	潜 在 的 危 险		防 范 措 施
1	工作过程中，由于工器具及零部件等受到冲击飞出伤人	1	工作时，工器具及零部件等应固定牢固，禁止人员处于工器具及零部件飞出的方向或位置
2	工作过程中，在拆卸液压部件时，系统内有余压，可能造成压力油伤人	2	确保液压系统内压力到零，方可开始工作
3	地面有油水或杂物，可能造成人员滑跌或绊倒受伤	3	拆下的部件要及时在旁边摆放整齐，有漏水时及时清扫
4	吊具或索具失效以及对吊物捆扎不当致使重物脱落，可能造成工作人员被砸伤	4	使用前检查吊具索具外观良好。吊物脱离接触面后应检查吊点重心，确保吊物平衡，确认吊物扎牢后再继续起吊或平移。禁止超载使用；吊装物下部、隔离区内禁止站人
5	在泵吊装过程中，工作班成员站在吊装口处，易从吊装口掉入泵坑内	5	在吊装时设置临时围栏，工作班成员应站在离吊装口稍远的安全位置，吊装完毕后，及时将围栏恢复原样

1.11　循环水泵转子解体作业危险预知训练卡

作业任务	循环水泵转子解体	作业类别	检修	作业岗位	汽机检修工
资源准备	扳手、手锤、行车、钢丝绳、手拉葫芦、卡环、千斤顶、电机支座专用工具、油桶、胶皮	作业区域		循环水泵房	

作业任务描述	循环水泵转子解体

	潜 在 的 危 险		防 范 措 施
1	高处作业可能造成高空坠落	1	确认操作平台牢固可靠。使用合格的双挂钩安全带，应高挂低用
2	用大锤敲击可能造成周边人员受伤	2	检查大锤锤头无松动，不得戴手套抡大锤；非操作人员应站在操作人员侧面
3	泵及电机部件吊装过程中，出现坠落，可能造成工作人员伤害	3	工作班成员不得在起吊重物下停留
4	使用电动工具不当，可能造成人员伤害	4	工作班人员正确使用合格的工器具
5	地面有积水或杂物，可能造成人员滑跌或绊倒受伤	5	拆下的部件要及时在旁边摆放整齐，有漏水时及时清扫
6	临时电源漏电，可能造成人员触电	6	检查电源盘在检验合格期内，漏电保护器完好，线缆无破损。进入人孔门处应加橡皮绝缘垫
7	电动葫芦、吊具或索具失效以及对吊物捆扎不当致使重物脱落，可能造成作业人员被砸伤	7	使用前检查电动葫芦、手拉葫芦、吊具索具外观良好。对电动葫芦、手拉葫芦进行空试。重物吊起前禁止电动葫芦移位。吊物脱离接触面后应检查吊点重心，确保吊物平衡，确认吊物扎牢后再继续起吊或平移。禁止超载使用；吊装物下部、隔离区内禁止站人

1.12　给水泵抽芯包作业危险预知训练卡

作业任务	给水泵抽芯包	作业类别	检修	作业岗位	汽机检修工
资源准备	扳手、手锤、行车、钢丝绳、手拉葫芦、卡环、千斤顶、电机支座专用工具、油桶、胶皮	作业区域		汽机房	

作业任务描述	给水泵抽芯包

	潜在的危险		防范措施
1	用大锤敲击可能造成周边人员受伤	1	检查大锤锤头无松动，不得戴手套抡大锤；非操作人员应站在操作人员侧面
2	给水泵抽芯包吊装过程中，出现坠落，可能造成工作人员伤害	2	工作班成员不得在起吊重物下停留
3	使用电动工具不当，可能造成人员伤害	3	工作班人员正确使用合格的工器具
4	地面有积水或杂物，可能造成人员滑跌或绊倒受伤	4	拆下的部件要及时在旁边摆放整齐，有漏水时及时清扫
5	电动葫芦、吊具或索具失效以及对吊物捆扎不当致使重物脱落，可能造成工作人员被砸伤	5	使用前检查电动葫芦、手拉葫芦、吊具索具外观良好。对电动葫芦、手拉葫芦进行空试。重物吊起前禁止电动葫芦移位。吊物脱离接触面后应检查吊点重心，确保吊物平衡，确认吊物扎牢后再继续起吊或平移。禁止超载使用；吊装物下部、隔离区内禁止站人

1.13 凝汽器水侧冲洗作业危险预知训练卡

作业任务	凝汽器水侧冲洗作业	作业类别	检修	作业岗位	汽机检修工
资源准备	扳手、手锤、高压冲洗机、轴流风机、胶皮		作业区域	机房零米凝汽器处	

作业任务描述	凝汽器水侧冲洗作业

	潜 在 的 危 险		防 范 措 施
1	工作人员进入凝汽器内部检查、清理，因通风不畅可能造成工作人员窒息	1	针对具体的环境使用对应数量的风机，工作时保持持续的通风，严格控制进入凝汽器内工作人员的工作时间，在凝汽器外部安排专人监护
2	工作过程中，错误地操作高压水枪，可能造成高压水伤人	2	工作过程中，正确地操作高压水枪
3	由于脚手架不牢固及安全带使用不当易导致工作人员坠落	3	脚手架必须牢固，并正确使用安全带
4	地面有积水或杂物，可能造成人员滑跌或绊倒受伤	4	拆下的部件要及时在旁边摆放整齐，有漏水时及时清扫
5	高空落物可能造成工作人员受到物体打击	5	清理高处杂物；正确穿戴安全帽、防砸鞋等防护用品；工器具应加绳绑扎，使用前后应放入工具袋中

1.14 高压除氧器内部检查作业危险预知训练卡

作业任务	高压除氧器内部检查	作业类别	检修	作业岗位	汽机检修工
资源准备	扳手、手锤、电动工具、线盘、轴流风机、行灯变压器、胶皮	作业区域		机房 22m 高压除氧器处	

作业任务描述	高压除氧器内部检查

	潜 在 的 危 险		防 范 措 施
1	高处作业可能造成高空坠落	1	确认操作平台牢固可靠。使用合格的双挂钩安全带，应高挂低用
2	用大锤敲击可能造成周边人员受伤	2	检查大锤锤头无松动，不得戴手套抡大锤；非操作人员应站在操作人员侧面
3	工作人员进入除氧器内部检查、清理，因通风不畅可能造成工作人员窒息	3	针对具体的环境使用对应数量的风机，工作时保持持续的通风，严格控制进入除氧器内工作人员的工作时间，在除氧器外部安排专人监护
4	受限空间内长时间作业可能造成人员中暑、中毒等	4	应打开所有人孔门通风。超过 40℃不得进入。应填写受限空间作业登记表，人孔门处应设置 2 名监护人，随时与内部人员联系。根据身体条件轮流休息。工作结束前必须清点人数
5	高空落物可能造成工作人员受到物体打击	5	清理高处杂物；正确穿戴安全帽、防砸鞋等防护用品；工器具应加绳绑扎，使用前后应放入工具袋中

1.15　汽轮机化妆板拆装作业危险预知训练卡

作业任务	汽轮机化妆板的拆装	作业类别	检修	作业岗位	汽机本体检修工、行车司机、起重工
资源准备	梯子、扳手、榔头、钢丝绳、手拉葫芦、大锤、撬杠、安全带	作业区域			汽机房运转层

作业任务描述	汽轮机化妆板的拆装

	潜　在　的　危　险		防　范　措　施
1	在梯子上工作时梯子打滑，可能造成作业人员摔伤	1	工作高度超过 1.5m 需要系安全带，使用前检查梯子是否有破损，在梯子上工作时下方需有专人监护，扶稳梯子
2	高处作业可能造成人员高空坠落	2	应检查检修平台或脚手架牢固可靠，使用合格双挂钩安全带，高挂低用
3	手动葫芦、吊索、吊具失效以及对吊物捆扎不牢导致吊物脱落，可能造成工作人员被砸伤	3	使用前检查手拉葫芦、吊具索具外观良好；吊物脱离接触面后应检查吊点重心，确保吊物平衡，确认吊物扎牢后再继续起吊或平移；吊装物下部禁止站人
4	脚手架上作业时，手动工器具未固定，导致高空落物伤人	4	在脚手架上作业时手动工器具应用白布带绑扎牢固，严禁上下抛掷手动工器具，若工作点下方存在交叉作业应提前告知
5	电动工具、临时电源漏电可能造成工作人员触电伤害	5	检查临时电源在检验合格期内，漏电保护器完好，手持式电动工具的电缆完好，中间无接头

1.16 拆卸高中压导气管及拆高中压外缸螺栓作业危险预知训练卡

作业任务	拆卸高中压导气管及拆高中压外缸螺栓	作业类别	检修	作业岗位	汽机检修工
资源准备	风扳机、扳手、大锤、加热柜、加热棒、安全带、石棉手套	作业区域		汽机房运转层	

作业任务描述	拆卸高中压导气管及拆高中压外缸螺栓

	潜 在 的 危 险		防 范 措 施
1	脚手架搭设不牢固可能造成工作人员坠落	1	工作开展前工作负责人检验脚手架是否合格，工作负责人每次使用前需再次检验，并在检验牌上签字
2	脚手架上作业时，工器具未固定可能导致高处落物伤人	2	在脚手架上作业时手动工器具应用白布带绑扎牢固，严禁上下抛掷手动工器具，若工作点下方存在交叉作业应提前告知，做好警示
3	电动工具、加热柜、临时电源漏电可能造成工作人员触电伤害	3	检查临时电源在检验合格期内，漏电保护器完好，手持式电动工具完好，电缆中间无接头
4	在使用气动工具过程中由于气动工具破损、接头飞出，可能导致作业人员受到物体打击伤害	4	使用前检查气动扳机是否完好，压缩空气管接头是否牢固，检查扳机接头是否绑扎牢固
5	在使用大锤的过程中，大锤飞出导致人员物体打击伤害	5	大锤使用前检查锤头、是否完好，锤头安装紧是否松动，抡大锤时禁止戴手套
6	加热螺栓时，操作不当造成人员烫伤	6	松动螺母时正确佩戴石棉手套

1.17　起吊高中压内、外缸作业危险预知训练卡

作业任务	起吊高中压内、外缸	作业类别	检修	作业岗位	汽机检修工、行车司机、起重工
资源准备	钢丝绳、手拉葫芦、液压千斤顶、撬杠、垫铁、溜绳	作业区域		汽机房运转层	

作业任务描述	起吊高中压内、外缸

	潜 在 的 危 险		防 范 措 施
1	高中压缸在起吊、转运过程中，行车等吊索、吊具失效，吊物坠落导致人员砸伤	1	使用前检查手拉葫芦、吊具索具外观良好；检查行车吊钩的保险扣齐全。吊物脱离接触面后应检查吊点重心、确保吊物平衡，确认吊物扎牢后再继续起吊。起吊前应先试吊，人员不得站在物体下方，吊装物下部禁止站人
2	在吊运高中压缸过程中工作人员站位不对可能被吊装物撞伤，或手扶吊装物被碰伤	2	应清理吊物行走路径上的人员，并可靠隔离，防止人员进入，工作人员站在安全区域。吊物平移前及平移过程中应鸣铃示警。严禁直接用手扶吊物，应使用溜绳控制吊物规避其他物体
3	液压千斤顶漏油使工作地点湿滑，可能导致人员滑倒摔伤	3	对漏油点及时清理

1.18 高中压缸体及结合面检查
清理作业危险预知训练卡

作业任务	高中压缸体及结合面检查清理	作业类别	检修	作业岗位	汽机检修工
资源准备	电源盘、砂轮机，防护眼镜、防尘口罩	作业区域		汽机房汽缸放置区、运转层	

作业任务描述	高中压缸体及结合面检查清理	

	潜 在 的 危 险		防 范 措 施
1	使用打磨工具打磨时火星飞入眼睛里，可能导致眼部灼伤或异物伤害眼球	1	工作人员穿好防护服和佩戴防护面罩。将可能正对火星溅出方向的人员劝离后方可工作
2	电动工具、临时电源破损漏电，可能导致人员触电伤害	2	检查临时电源在检验合格期内，漏电保护器完好，手持式电动工具完好，电缆中间无接头
3	打磨作业火星四溅，可能引发火灾	3	清除作业区域易燃物，并配置灭火器、防火毯

1.19 轴系中心、通流间隙等数据测量调整作业危险预知训练卡

作业任务	轴系中心、通流间隙等数据测量调整	作业类别	检修	作业岗位	汽机检修工
资源准备	百分表、楔形塞尺、塞尺、内径千分尺、外径千分尺、塞块	作业区域		汽机房	

作业任务描述	轴系中心、通流间隙等数据测量调整

	潜在的危险		防范措施
1	工作人员未做好防护或未站在正确的位置，测隔板径向晃度时撬杠打滑工作人员跌入缸内，可能导致人员跌伤、碰伤	1	检查汽缸孔洞封堵良好；工作时应正确使用撬杠，站稳用力均匀，勿过猛用力
2	测量时斜塞或塞尺未绑扎牢固，可能导致作业人员掉入抽气口	2	测量时斜塞和塞尺应绑扎牢固，抽气孔洞应做有效封堵
3	找对轮中心读外圆数值时作业人员触碰对轮等设备、仪器，可能导致作业人员身体划伤	3	正确佩戴安全帽；正下方的数值读取时使用镜子反射读数
4	更换隔板调整垫片时，垫片有毛刺，可能导致工作人员被垫片划伤	4	工作人员佩戴轻便灵活的防护手套，垫片四周毛刺清理干净
5	轴承箱箱内剩油未清理干净，箱内光滑，可能导致人员滑倒，造成人员伤害	5	工作前检查轴承箱内剩油是否清理干净；禁止在轴承箱上方跳跃，应在轴承箱上铺设牢固的木板，方便工作人员通过

1.20 起吊汽轮机转子作业危险预知训练卡

作业任务	起吊汽轮机转子	作业类别	检修	作业岗位	汽机检修工、起重工、行车司机
资源准备	水平仪、专用吊具、钢丝绳、撬杠、净白布	作业区域		汽机房	

作业任务描述	起吊汽轮机转子

	潜 在 的 危 险		防 范 措 施
1	起吊过程中转子未吊平、吊正，可能导致转子与隔板碰触，碰坏物体	1	起吊转子时应找平找正后再行起吊，起吊过程如发生碰触应立即停止起吊，未完全脱离隔板前点动起吊，起吊过程中应做好可靠的防护
2	汽轮机转子在起吊、转运过程中，行车等吊索、吊具失效，转子坠落可能导致人员砸伤	2	起吊前检查绑扎是否牢固，钢丝绳是否完好，检查行车吊钩的保险扣。起吊前应先试吊，找平找正。大件起吊时，人员不得站在重物下方
3	起吊时手扶转子，转子串动，可能导致手指被挤伤	3	严禁将手指放入转子与隔板或两转子对轮之间，防止转子串动挤伤手指，起吊时，禁止人站在转子上保持转子平衡
4	在吊运转子过程中工作人员站位不对可能被吊装物撞伤，或手扶吊装物被碰伤	4	应清理吊物行走路径上的人员，并可靠隔离，防止人员进入，工作人员站在安全区域。吊物平移前及平移过程中应鸣铃示警。严禁直接用手扶吊物，应使用溜绳控制吊物规避其他物体

1.21 汽轮机隔板、汽封检修作业危险预知训练卡

作业任务	隔板、隔板机汽封套拆卸吊装	作业类别	检修	作业岗位	汽机检修工、行车司机、起重工
资源准备	大锤、撬杠、铜棒、钢丝绳、手拉葫芦	作业区域			汽机房

作业任务描述	隔板、隔板机汽封套拆卸吊装

	潜 在 的 危 险		防 范 措 施
1	隔板套或隔板在起吊、转运过程中，行车等吊索、吊具失效，转子坠落可能导致人员砸伤	1	起吊前检查绑扎是否牢固，钢丝绳是否完好，检查行车吊钩的保险扣。起吊前应先试吊，人员不得站在物体下方，应站在安全区域
2	在吊运隔板套或隔板过程中工作人员站位不对可能被吊装物撞伤，或手扶吊装物被碰伤	2	应清理吊物行走路径上的人员，并可靠隔离，防止人员进入，工作人员站在安全区域。吊物平移前及平移过程中应鸣铃示警
3	隔板套或隔板落地、放翻时可能导致砸伤脚部	3	放置隔板前时将小木块放在合适的位置，缓慢落下，提醒人员勿将脚深入下方
4	对于使用对夹式专用工具吊装隔板放翻时可能导致砸伤人员脚部或损伤隔板	4	放倒隔板时用铁丝或绳索固定对夹式专用工具，防止松脱

1.22 汽轮机轴瓦检修作业危险预知训练卡

作业任务	轴瓦解体检查、测量、调整	作业类别	检修	作业岗位	汽机检修工
资源准备	大锤、铜棒、砂轮机、电源盘、剪刀、外径千分尺、不锈钢垫片	作业区域		汽机房	

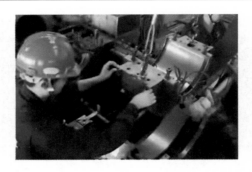

作业任务描述	轴瓦解体检查、测量、调整

潜 在 的 危 险		防 范 措 施	
1	在使用大锤的过程中，可能导致大锤飞出伤人	1	大锤使用前检查其是否完好，锤头是否有楔。打大锤时禁止戴手套
2	翻瓦时挤压手指，可能导致作业人员手指伤害	2	在轴瓦就位时严禁用手触摸轴瓦的边缘。调整垫片时，必须将轴瓦固定后再进行工作
3	轴瓦在起吊、转运过程中，行车等吊索、吊具失效坠落，可能导致人员被砸伤	3	使用前检查手拉葫芦、吊具索具外观良好；吊物脱离接触面后应检查吊点重心，确保吊物平衡，确认吊物扎牢后再继续起吊或平移；吊装物下部禁止站人
4	轴承箱箱内剩油未清理干净，箱内光滑，可能导致人员滑倒，造成人员伤害	4	工作前检查轴承箱内剩油是否清理干净；禁止在轴承箱上方跳跃，应在轴承箱上铺设牢固的木板，方便工作人员通过
5	检修工使用打磨工具及焊工使用电焊时四溅的火星飞入眼睛里，可能导致人员眼睛烫伤	5	工作人员应佩戴防护眼镜，工作人员不得正对火星溅出的方向
6	动火作业时，可能导致轴承箱内润滑油着火	6	工作前检查轴承箱内剩油是否清理干净；并配置灭火器、防火毯

1.23 锅炉除焦作业危险预知训练卡

作业任务	锅炉炉外除焦	作业类别	运行	作业岗位	集控运行
资源准备	专用防烫伤护具、打焦棍、手电筒、对讲机		作业区域		锅炉零米

作业任务描述	对锅炉进行冷灰斗除焦作业

	潜 在 的 危 险		防 范 措 施
1	锅炉冒正压时，未穿戴专用防烫伤护具，喷出的高温烟气或掉落的热焦块，以及现场弥漫的灰尘，可能导致作业人员高温烫伤、视力损伤或肺部疾病	1	保持炉膛负压稳定并适当提高炉膛负压，必须穿防烫工作服、工作鞋，戴防烫伤手套、防护面具、防尘口罩和专用观火眼镜
2	除焦口两旁有障碍物或正对除焦口站立，当炉烟外喷或灰焦冲出时，可能导致作业人员躲闪不及造成烫伤	2	查看所处地点两旁无障碍物，站在除焦口侧面作业
3	正对胸前使用除焦工具，可能导致作业人员受伤	3	斜向使用工具
4	站立在楼梯、管子、栏杆等不稳定处除焦，可能导致作业人员摔倒或跌落	4	站立在牢固的平台或地面上
5	现场照度不足，可能造成作业人员受伤	5	增加临时照明，保证光线充足

1.24 锅炉落煤管堵煤清理作业危险预知训练卡

作业任务	锅炉落煤管堵煤清理	作业类别	运行	作业岗位	集控运行
资源准备	操作平台、防尘口罩、安全带、大锤、捅煤工具	作业区域		落煤管区域	

作业任务描述	对落煤管堵煤进行清理、疏通等

	潜 在 的 危 险		防 范 措 施
1	高处作业可能造成高空坠落	1	确认操作平台牢固可靠。使用合格的双挂钩安全带，应高挂低用
2	煤粉可能会导致肺部疾病	2	佩戴统一发放的防尘口罩
3	敲击落煤管时大锤飞出，可能导致作业人员受伤害	3	检查大锤锤头无松动，不得戴手套及单手抡大锤，非操作人员应站在操作人员侧面
4	正对胸前使用捅煤工具，可能导致作业人员受伤害	4	捅煤工具应斜向使用
5	现场噪声超标，可能导致作业人员听力损伤	5	佩戴防噪声耳塞

1.25 给煤机内部检查作业危险预知训练卡

作业任务	给煤机内部检查、检修	作业类别	维护、检修	作业岗位	锅炉检修工
资源准备	通风机、电源线、行灯、气体检测仪、受限空间进出登记表、防尘口罩		作业区域		17m 给煤机处

作业任务描述	对给煤机内部检查、检修

	潜 在 的 危 险		防 范 措 施
1	一氧化碳等有害气体浓度超标，可能造成人员中毒窒息	1	应进行通风，清除有毒有害气体，检测合格方可入内。一氧化碳浓度低于1%，氧气含量应在19.5%～21%之间。进入磨煤机内部应登记，外面应设置2名监护人，随时与内部人员联系。工作结束前必须清点人数
2	粉尘超标有可能造成肺部疾病	2	正确佩戴统一发放的防尘口罩
3	未使用防爆灯具，可能引发火灾	3	应使用12V防爆型行灯，行灯不得埋入积粉内。电源插盘和行灯变压器等设备不得进入磨煤机内部
4	高空落物可能造成物体打击	4	及时清理高处杂物，正确穿戴安全帽、防砸鞋等防护用品，工器具应加绳绑扎，使用前后应放入工具袋中
5	临时电源漏电可能造成人员触电	5	检查电源盘在检验合格期内，漏电保护器完好，线缆无破损。进入人孔门处应加橡皮绝缘垫
6	安全措施不到位，可能导致落煤斗内煤落下将人员埋没	6	给煤机上部插板门关闭严密
7	隔离措施不到位，可能导致作业人员被高温烫伤	7	确认磨煤机热风隔绝门关闭严密，电磁阀停电，气源门关闭
8	煤尘浓度超标可能导致遇明火爆炸	8	检修时给煤机内部要充分通风，清理易燃物

1.26 磨煤机内部作业危险预知训练卡

作业任务	磨煤机内部检查	作业类别	检修	作业岗位	锅炉检修工
资源准备	通风机、电源线、行灯、气体检测仪、受限空间进出登记表、防尘口罩	作业区域		磨煤机	

作业任务描述	磨煤机内部检查

	潜 在 的 危 险		防 范 措 施
1	一氧化碳等有害气体浓度超标，造成人员中毒窒息	1	应进行通风，清除有毒有害气体，检测合格方可入内。一氧化碳浓度低于1%，氧气含量应在19.5%~21%之间。进入磨煤机内部应登记，外面应设置2名监护人，随时与内部人员联系，工作结束前必须清点人数
2	粉尘超标有可能造成肺部疾病	2	正确佩戴统一发放的防尘口罩
3	未使用防爆灯具，可能引发火灾	3	应使用12V防爆型行灯，行灯不得埋入积粉内，电源插盘和行灯变压器等设备不得进入磨煤机内部
4	临时电源漏电可能造成人员触电	4	检查电源盘在检验合格期内，漏电保护器完好，线缆无破损，进入人孔门处应加橡皮绝缘垫
5	上部工作人员不小心掉落工具或磨煤机配件，可能砸伤下部工作人员	5	做好隔离防范措施
6	密闭空间内工作时间过长，若通风不畅，可能导致作业人员伤害	6	合理安排工作时间，做好人员调换
7	安措不到位，导致设备突然转动，造成作业人员机械伤害	7	确认电机停电，做好防止设备突然转动措施
8	隔离措施不到位，可能造成高温气体烫伤作业人员	8	确认热风隔绝门关闭严密，电磁阀停电，气源门关闭
9	煤尘浓度超标可能导致遇明火爆炸	9	检修时磨煤机内部要充分通风，测量煤尘浓度合格后方可进入

1.27 磨煤机油站作业危险预知训练卡

作业任务	磨煤机油站检修	作业类别	检修	作业岗位	锅炉检修工
资源准备	油桶、防噪声耳塞、耐油手套、破布、防尘口罩	作业区域		磨煤机油站	

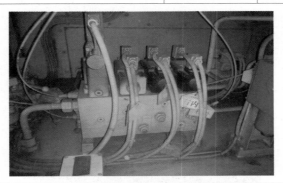

作业任务描述	磨煤机油站检查、检修

	潜 在 的 危 险		防 范 措 施
1	磨煤机油站系统存在油压，发生泄露可能导致人员受伤	1	充分泄压，确保油系统压力为零
2	长期接触油溶液，可能导致皮肤受伤害	2	正确着装，佩戴耐油手套，避免长时间接触，如接触，用水彻底清洗
3	电机安措不到位，可能导致转动机械伤人	3	确保停电，如确需转动时工作，确保转动机械有保护装置，转动机械附近工作不准戴手套，防止布条等物绞入
4	工作场所地面存在油液，可能导致人员滑倒跌伤	4	拆装机械时，将油放入专用小桶，渗油处擦拭干净，确保地面整洁
5	现场噪声超标，可能导致人员听力损伤	5	佩戴防噪声耳塞
6	系统油温未下降，可能导致高油温烫伤作业人员	6	工作时避开高温区域，如需短时间接触，做好防护措施
7	临时电源漏电，可能导致作业人员触电	7	检查电源盘在检验合格期内，漏电保护器完好，线缆无破损。进入人孔门处应加橡皮绝缘垫
8	动火作业时，可能导致油站引发火灾	8	清除现场易燃物，配置灭火器、接火盆、防火毯等消防用具

1.28 磨煤机大瓦起吊作业危险预知训练卡

作业任务	磨煤机大瓦起吊作业	作业类别	检修	作业岗位	锅炉检修工、司索工
资源准备	电动葫芦、吊具、索具、安全帽、防砸鞋、临时照明设备	作业区域			磨煤机区域

作业任务描述	磨煤机大瓦起吊作业

潜 在 的 危 险		防 范 措 施	
1	电动葫芦、吊具或索具失效以及对吊物捆扎不当，可能造成人员起重伤害	1	使用前检查电动葫芦、吊具索具外观良好，对电动葫芦进行空试，重物吊起前禁止电动葫芦移位。吊物脱离接触面后应检查吊点重心，确保吊物平衡。确认吊物扎牢后再继续起吊或平移，禁止超载使用，吊装物下部、隔离区内禁止站人
2	高空落物可能造成作业人员物体打击	2	清理高处杂物，正确穿戴安全帽、防砸鞋等防护用品，手锤、扳手等工器具应加绳绑扎，使用前后应放入工具袋中
3	临时电源漏电可能造成作业人员触电	3	检查临时电源漏电保护器完好，线缆无破损
4	高空作业未使用安全带、防坠器，可能造成作业人员坠落	4	安装起重工具等高空作业时使用安全带、防坠器

1.29 磨煤机分离器起吊作业危险预知训练卡

作业任务	磨煤机分离器等起吊作业	作业类别	检修	作业岗位	锅炉检修工、司索工
资源准备	电动葫芦、吊具、索具、安全帽、防砸鞋、临时照明设备	作业区域		磨煤机区域	

作业任务描述	磨煤机分离器等起吊作业

	潜 在 的 危 险		防 范 措 施
1	电动葫芦、吊具或索具失效以及对吊物捆扎不当，可能造成人员起重伤害	1	使用前检查电动葫芦、吊具索具外观良好，对电动葫芦进行空试，重物吊起前禁止电动葫芦移位，吊物脱离接触面后应检查吊点重心，确保吊物平衡，确认吊物扎牢后再继续起吊或平移，禁止超载使用，吊装物下部、隔离区内禁止站人
2	高空落物可能造成作业人员物体打击	2	清理高处杂物，正确穿戴安全帽、防砸鞋等防护用品，手锤、扳手等工器具应加绳绑扎，使用前后应放入工具袋中
3	临时电源漏电可能造成作业人员触电	3	检查临时电源漏电保护器完好，线缆无破损
4	高空作业未使用安全带、防坠器，可能造成作业人员坠落	4	安装起重工具等高空作业时使用安全带、防坠器
5	地面上衬垫物不牢固，可能造成作业人员挤伤砸伤	5	地面胶皮、枕木等垫物正确放置，保证底部平稳，禁止用钢板等易滑动物件作为衬垫

1.30 风机解体作业危险预知训练卡

作业任务	风机解体	作业类别	检修	作业岗位	锅炉检修工、起重工
资源准备	防砸鞋、脚手架、电动葫芦、安全带、扳手、手锤、吊具索具		作业区域		锅炉风机处

作业任务描述	风机解体

	潜 在 的 危 险		防 范 措 施
1	高处作业可能造成人员坠落	1	作业前检查脚手架合格，使用合格双挂钩安全带，应高挂低用，安全带无法钩挂时应装设手扶平衡安全绳
2	高空落物可能造成人员物体打击	2	及时清理高处杂物。正确穿戴安全帽、防砸鞋等防护用品，手锤、扳手等工器具应加绳绑扎。使用前后应放入工具袋中
3	电动葫芦、吊具或索具失效以及对吊物捆扎不当，可能造成人员起重伤害	3	使用前检查电动葫芦、吊具索具外观良好，对电动葫芦进行空试，重物吊起前禁止电动葫芦移位，吊物脱离接触面后应检查吊点重心，确保吊物平衡。确认吊物扎牢后再继续起吊或平移，禁止超载使用，禁止无证操作，吊装物下部、隔离区内禁止站人
4	临时电源漏电可能造成作业人员触电	4	检查临时电源漏电保护器完好，线缆无破损
5	风机配件拆装过程中操作不当，可能砸伤、割伤自己或他人身体	5	检修过程中轻拿轻放，合理相互隔离，相互监督
6	电机突然转动，可能造成人员机械伤害	6	确认电机停电，做好防止机械倒转措施
7	受限空间内作业，可能造成人员中暑、碰伤等	7	应打开所有人孔门通风，应填写受限空间进出登记表，人孔门处应设置1名监护人，随时与内部人员联系，根据身体条件轮流休息，工作结束前必须清点人数
8	现场灰尘浓度大，可能造成人员呼吸道伤害	8	正确佩戴统一发放的防尘口罩
9	油系统存在油压，发生泄露，可能造成人员受伤	9	检修时要充分泄压，确保油系统压力为零
10	现场噪声超标，可能导致人员听力损伤	10	工作时要使用统一配发的防噪声耳塞
11	油站检修动火时，可能引发火灾	11	清除现场易燃物，配置灭火器、接火盆、防火毯等消防用具
12	现场地面或设备上存在黄油残留，可能导致作业人员滑倒受伤	12	将设备地面上残油清理擦拭干净

1.31 离心空压机保养作业危险预知训练卡

作业任务	离心空压机检修	作业类别	检修	作业岗位	空压机检修工
资源准备	防砸鞋、扳手、手锤、手摇油泵、空油桶、石棉布		作业区域		离心空压机房

作业任务描述	离心空压机检修

	潜 在 的 危 险		防 范 措 施
1	安措不到位导致转机突然启动，可能造成转动机械伤害	1	复查离心空压机停运、停电
2	手动葫芦、吊索、吊具失效以及对吊物捆扎不牢导致吊物脱落，可能造成人员砸伤	2	使用前检查手拉葫芦、吊具索具外观良好，吊物脱离接触面后应检查吊点重心，确保吊物平衡，确认吊物扎牢后再继续起吊或平移，吊装物下部禁止站人
3	压缩空气泄漏，可能造成工作人员高温伤害	3	确认空压机出口隔离门关闭，排空阀全开，高温管道铺设石棉布
4	润滑油泄漏到地面，可能造成工作人员滑倒摔伤	4	加油或放油时，使用专用油盒，避免将润滑油洒在地面上，若有少量润滑油洒到地上，及时用破布擦拭干净
5	临时电源漏电，可能造成工作人员触电	5	电气设备漏电保护器完好
6	空压机四周地面水渍可能造成人员滑倒摔伤	6	穿防滑绝缘鞋，工作时注意四周油渍、水渍
7	离心空压机房噪声超过85分贝，可能造成听力受损，产生噪声伤害	7	进入空压机房应该正确佩戴防噪声耳塞

1.32 螺杆空压机检修作业危险预知训练卡

作业任务	输灰空压机检修	作业类别	检修	作业岗位	空压机检修工
资源准备	防砸鞋、活扳手、手锤、梅花扳手、接油盒、石棉布	作业区域		螺杆空压机房	

作业任务描述	输灰空压机检修

	潜 在 的 危 险		防 范 措 施
1	系统未泄压拆卸空压机螺栓时，工质冲出或部件飞出，人员可能受到物体打击伤害	1	先打开排空阀泄压、确认空压机控制面板压力表显示压力到零或无工质流出，拆卸部件时站在合适的位置
2	安措有漏洞导致转机突然启动，可能造成作业人员机械伤害	2	复查空压机已停电，空压机出口阀关闭并挂牌等措施落实到位
3	空压机停运时间短，管道系统存在高温，人员易造成烫伤伤害	3	不要靠近高温管道及设备，在可能靠近的官道上铺设石棉布，确认空压机管道及机头温度已经降至室温
4	螺杆空压机房噪声超过85分贝，可能造成听力受损，产生噪声伤害	4	进入空压机房应该正确佩戴防噪声耳塞
5	电动葫芦、吊具或索具失效以及对吊物捆扎不当致使重物脱落，可能导致人员砸伤	5	使用前检查电动葫芦、手拉葫芦、吊具索具外观良好。重物吊起前禁止电动葫芦移位。吊物脱离接触面后应检查吊点重心，确保吊物平衡
6	手锤敲击不当，可能造成周边人员受伤	6	检查手锤锤头无松动，不得戴手套抡手锤，非操作人员应站在操作人员侧面
7	空压机四周地面水渍、油渍，可能造成人员滑倒摔伤	7	穿防滑绝缘鞋，工作时注意四周油渍、水渍，防止摔倒

1.33 机械式安全阀解体检修作业危险预知训练卡

作业任务	机械式安全阀解体检修	作业类别	检修	作业岗位	锅炉检修工
资源准备	阀门研磨机、扳手、榔头、钢丝绳、手拉葫芦、铜棒		作业区域		锅炉蒸汽管道

作业任务描述	机械式安全阀解体检修

	潜 在 的 危 险		防 范 措 施
1	高空落物可能造成作业人员物体打击	1	及时清理高处杂物，正确穿戴安全帽、防砸鞋等防护用品，工器具应加绳绑扎，使用前后应放入工具袋中
2	高处作业可能造成作业人员高空坠落	2	应检查检修平台或脚手架牢固可靠，使用合格双挂钩安全带，高挂低用
3	使用大锤不当导致大锤飞出，可能导致作业人员机械伤害	3	不准单手抡大锤，使用大锤不准戴手套
4	拆卸支吊架时部件飞出可能造成人员伤害	4	禁止部件未卸力前拆卸
5	阀门进、出口管道仍积存有蒸汽或热水，可能造成解体阀门时汽、水冲出造成作业人员烫伤	5	检查检修阀门连接的系统应可靠隔断，放水泄压后关闭放水门，确认管道压力到零，解体阀门时站在合适位置
6	手动葫芦、吊索、吊具失效以及对吊物捆扎不牢导致吊物脱落，可能造成作业人员砸伤	6	使用前检查手拉葫芦、吊具索具外观良好，吊物脱离接触面后应检查吊点重心，确保吊物平衡，确认吊物扎牢后再继续起吊或平移，吊装物下部禁止站人
7	放松阀门弹簧时，因操作不当造成弹簧弹出或在安装阀门螺丝时用手指伸入螺丝孔内触摸，可能造成人员受伤或手指轧伤	7	应根据阀门构造选用专用工具均衡放松弹簧，安装阀门的螺丝时，应用铜棒校正螺丝孔
8	电动工具、临时电源漏电可能造成作业人员触电	8	检查研磨机、临时电源在检验合格期内、漏电保护器完好，手持式研磨机的电缆中间无接头

1.34 水压试验堵板拆装作业危险预知训练卡

作业任务	水压试验堵板拆装作业	作业类别	检修	作业岗位	锅炉检修工
资源准备	扳手、榔头、钢丝绳、手拉葫芦、铜棒		作业区域		再热器进出口管道处

作业任务描述	再热器进出口堵阀检查、检修

	潜 在 的 危 险		防 范 措 施
1	高空落物可能造成作业人员物体打击	1	及时清理高处杂物，正确穿戴安全帽、防砸鞋等防护用品，工器具应加绳绑扎，使用前后应放入工具袋中
2	高处作业可能造成作业人员高空坠落	2	应检查检修平台或脚手架牢固可靠，使用合格双挂钩安全带，高挂低用
3	抡大锤不当导致大锤飞出，可能导致作业人员机械伤害	3	不准单手抡大锤，使用大锤不准戴手套
4	堵阀内残余蒸汽喷出，可能造成作业人员烫伤	4	确认堵阀管道内压力为零，疏水放尽
5	手动葫芦、吊索、吊具失效以及对吊物捆扎不牢导致吊物脱落，可能造成作业人员砸伤	5	使用前检查手拉葫芦、吊具索具外观良好，吊物脱离接触面后应检查吊点重心，确保吊物平衡，确认吊物扎牢后再继续起吊或平移，吊装物下部禁止站人
6	临时电源漏电，可能造成作业人员触电	6	临时电源在检验合格期内，漏电保护器完好
7	堵板、压盖拆装不当脱落，可能造成作业人员机械伤害	7	拆装时均匀用力，手不准放在端盖正下方及堵板前后方向，防止脱落挤伤

1.35 疏水箱内部检查作业危险预知训练卡

作业任务	疏水箱内部检查	作业类别	检修	作业岗位	锅炉检修工
资源准备	氧气瓶、乙炔瓶、电焊机、磨光机、临时电源、脚手架、安全带		作业区域		零米疏水箱处

作业任务描述	疏水箱内部检查

	潜 在 的 危 险		防 范 措 施
1	受限空间内作业可能造成人员中暑、碰伤等	1	应打开所有人孔门通风，超过60℃不得进入，应填写受限空间进出登记表，人孔门处应设置1名监护人，随时与内部人员联系，根据身体条件轮流休息，工作结束前必须清点人数
2	高处作业可能造成作业人员坠落	2	作业前检查脚手架合格，使用合格双挂钩安全带，应高挂低用
3	高空落物可能造成作业人员物体打击	3	及时清理高处杂物，正确穿戴安全帽、防砸鞋等防护用品，工器具应加绳绑扎，使用前后应放入工具袋中
4	临时电源漏电可能造成作业人员触电	4	检查用电设备在检验合格期内，临时电源漏电保护器完好，线缆无破损
5	切割、焊接作业可能引发火灾	5	清除现场易燃物，配置灭火器、接火盆、防火毯，安排看火监护
6	交叉作业可能发生高空落物伤人	6	检查当日作业点上下部无其他工作，错开工作时间，需同时工作时做好隔离措施

1.36 吹灰器解体作业危险预知训练卡

作业任务	吹灰器解体	作业类别	检修	作业岗位	锅炉检修工
资源准备	氧气瓶、乙炔瓶、电焊机、磨光机、临时电源、脚手架、安全带		作业区域		炉膛四周、水平烟道、尾部烟道处

作业任务描述	吹灰器检查检修

	潜 在 的 危 险		防 范 措 施
1	吹灰系统泄压不彻底，可能存在残余蒸汽，造成作业人员烫伤	1	办理工作票，确保系统阀门关闭严密
2	葫芦、吊具或索具失效以及对吊物捆扎不当，可能造成作业人员起重伤害	2	使用前检查葫芦、吊具索具外观良好，对电动葫芦进行空试，吊物脱离接触面后应检查吊点重心，确保吊物平衡，确认吊物扎牢后再继续起吊或平移，禁止超载使用
3	高空落物可能造成作业人员物体打击	3	及时清理高处杂物，正确穿戴安全帽、防砸鞋等防护用品，工器具应加绳绑扎，使用前后应放入工具袋中
4	临时电源漏电可能造成作业人员触电	4	检查用电设备在检验合格期内，临时电源漏电保护器完好，线缆无破损
5	交叉作业可能发生高空落物伤人	5	检查当日作业点上下部无其他工作
6	切割、焊接作业防护不当，可能造成作业人员眼部和身体灼伤	6	正确佩戴防护眼镜、静电口罩或专用面罩，穿防护服，穿绝缘鞋
7	切割、焊接作业可能引发火灾	7	清除现场易燃物，配置灭火器、接火盆、防火毯，安排看火监护
8	使用氧气、乙炔不当，可能引发火灾、爆炸	8	氧气、乙炔瓶应垂直牢固固定，间隔不小于8m，距离明火不小于10m，减压器、压力表、橡胶管应完好，使用专用工具开启

1.37 弹性支吊架检修作业危险预知训练卡

作业任务	弹性支吊架检修	作业类别	检修	作业岗位	锅炉检修工
资源准备	氧气瓶、乙炔瓶、电焊机、临时电源、脚手架、安全带	作业区域		锅炉房	

作业任务描述	弹性支吊架检查、修复

	潜 在 的 危 险		防 范 措 施
1	高处作业可能造成人员坠落	1	作业前检查脚手架合格，使用合格的双挂钩安全带，应高挂低用
2	高空落物可能造成作业人员物体打击	2	及时清理高处杂物，正确穿戴安全帽、防砸鞋等防护用品，工器具应加绳绑扎，使用前后应放入工具袋中
3	临时电源漏电可能造成作业人员触电	3	检查用电设备在检验合格期内，临时电源漏电保护器完好，线缆无破损
4	切割、焊接作业防护不当，可能造成作业人员眼部和身体灼伤	4	正确佩戴防护眼镜、静电口罩或专用面罩，穿焊工服，穿绝缘鞋
5	切割、焊接作业可能引发火灾	5	清除现场易燃物，配置灭火器、接火盆、防火毯，安排看火监护
6	拆卸支吊架时措施不当，可能造成人员伤害	6	禁止部件未卸力前拆卸

1.38 锅炉大风箱清灰作业危险预知训练卡

作业任务	锅炉大风箱清灰作业	作业类别	检修	作业岗位	锅炉检修工
资源准备	起吊工具、手锤、扳手、安全带、防尘口罩		作业区域		各层燃烧器处

作业任务描述	锅炉大风箱检查、检修

	潜 在 的 危 险		防 范 措 施
1	受限空间内作业可能造成人员中暑、碰伤等	1	应打开所有人孔门通风，超过60℃不得进入，应填写受限空间进出登记表，人孔门处应设置1名监护人，随时与内部人员联系，根据身体条件轮流休息，工作结束前必须清点人数
2	粉尘超标，防护不当可能造成作业人员肺部疾病	2	正确佩戴统一发放的防尘口罩
3	临时电源漏电可能造成作业人员触电	3	应使用防爆照明，高挂固定，检查用电设备检验合格，漏电保护器完好，线缆无破损，人孔门处的电源线应加橡皮绝缘垫
4	高处作业可能造成人员坠落	4	作业前检查脚手架合格，使用合格双挂钩安全带，应高挂低用
5	切割、焊接作业防护不当，可能造成作业人员眼部和身体灼伤	5	正确佩戴防护眼镜、静电口罩或专用面罩，穿防护服，穿绝缘鞋
6	切割、焊接作业可能引发火灾	6	清除现场易燃物，配置灭火器、接火盆、防火毯，安排看火监护
7	防护措施不当，可能造成高温积灰烧伤工作人员	7	待积灰降到规定温度方可放灰等工作
8	风箱内积灰太多，可能导致作业人员被积灰淹没窒息	8	工作前清理干净风箱内积灰
9	氧气、乙炔使用中可能引发火灾、爆炸	9	氧气、乙炔瓶应垂直牢固固定，间离不小于8m，距离明火不小于10m，减压器、压力表、橡胶管应完好，使用专用工具开启

1.39 锅炉冷灰斗挤压头更换作业危险预知训练卡

作业任务	锅炉冷灰斗挤压头更换	作业类别	检修	作业岗位	锅炉检修工
资源准备	扳手、榔头、钢丝绳、手拉葫芦、铜棒	作业区域		炉膛下部冷灰斗处	

作业任务描述	冷灰斗挤压头检查、检修

	潜在的危险		防范措施
1	交叉作业可能发生高空落物伤人	1	检查当日作业点上下部无其他工作
2	高处作业可能造成作业人员高空坠落	2	应检查检修平台或脚手架牢固可靠，使用合格的双挂钩安全带，高挂低用
3	使用大锤不当导致大锤飞出，可能导致作业人员机械伤害	3	不准单手抡大锤，使用大锤不准戴手套
4	手动葫芦、吊索、吊具失效以及对吊物捆扎不牢导致吊物脱落，可能造成作业人员被砸伤	4	使用前检查手拉葫芦、吊具索具外观良好，吊物脱离接触面后应检查吊点重心，确保吊物平衡，确认吊物扎牢后再继续起吊或平移，吊装物下部禁止站人
5	电动工具、临时电源漏电可能造成作业人员触电	5	检查研磨机，临时电源在检验合格期内，漏电保护器完好，手持式研磨机的电缆中间无接头
6	受限空间内作业可能造成人员中暑、碰伤等	6	应打开所有人孔门通风，超过60℃不得进入，应填写受限空间进出登记表，人孔门处应设置1名监护人，随时与内部人员联系，根据身体条件轮流休息，工作结束前必须清点人数
7	防护粉尘措施不当，可能造成作业人员肺部疾病	7	正确佩戴统一发放的防尘口罩

1.40 燃油管道检修作业危险预知训练卡

作业任务	燃油管道检修	作业类别	维护、检修	作业岗位	锅炉检修工
资源准备	临时电源盘、灭火器、可燃气体检测仪、电焊机、手持切割机	作业区域		炉前燃油系统	

作业任务描述	炉前燃油管道检修

	潜 在 的 危 险		防 范 措 施
1	检修设备未与运行系统可靠隔离或未将燃油清理干净，导致系统存有燃油和可燃气体，可能造成火灾	1	检查检修系统与油罐、运行系统、卸油沟相连位置加装堵板，保证与运行系统可靠隔离并冲洗换气，现场配备灭火器
2	蒸汽吹扫系统漏气，因人员站位不当造成烫伤	2	蒸汽吹扫时避开疏水口和连接管接口
3	切割、焊接作业或临时电源漏电，可能造成作业人员触电	3	手持切割机、电焊机、临时电源盘在检验合格期内，漏电保护器完好，电缆无破损
4	切割、焊接作业防护不当可能造成作业人员眼部和身体伤害	4	正确佩戴防护眼镜、静电口罩或专用面罩，穿焊工服，穿绝缘鞋
5	管道系统检修过程中工具使用不当，可能造成作业人员伤害	5	手锤、撬杠等检修工具要正确使用
6	现场临时孔洞防护措施不当，可能造成作业人员高空坠落	6	需要切割开步道时，按照相关规定佩戴双扣安全带，人员站在牢固的设备附属物上，根据现场需要搭设脚手架
7	交叉作业防护措施不当，可能造成作业人员高空落物伤害	7	工作前确定有无交叉作业，若有协商错开工作时间，需要同时工作，做好隔离措施

1.41　锅炉油枪解体作业危险预知训练卡

作业任务	锅炉油枪解体检修	作业类别	检修	作业岗位	锅炉检修工
资源准备	油桶、耐油手套、破布、防尘口罩		作业区域	各层燃烧器处	

作业任务描述	锅炉油枪解体检查、检修

	潜 在 的 危 险		防 范 措 施
1	燃油系统存在燃油或残余蒸汽，可能造成人员伤害	1	充分泄压，确保油系统油压、气压为零
2	作业人员防护不当，可能造成燃油腐蚀皮肤	2	正确着装，佩戴耐油手套，避免长时间接触，如接触，用水彻底清洗
3	工作场所地面存在油渍，可能导致作业人员滑倒跌伤	3	拆装油枪时，将油放入专用小桶，渗油处擦拭干净，确保地面整洁
4	切割、焊接作业防护不当，可能造成作业人员眼部和身体灼伤	4	正确佩戴防护眼镜、静电口罩或专用面罩，穿防护服，穿绝缘鞋
5	切割、焊接作业可能引发火灾	5	清除现场易燃物，配置灭火器、接火盆、防火毯，安排看火监护
6	燃油系统油温过高，可能造成高温伤人	6	工作时避开高温区域，如需短时间接触，做好防护措施
7	作业人员防护不当，可能导致油枪管子砸伤人员	7	人员站位正确，协调用力，轻抬稳放

1.42　锅炉供油泵解体作业危险预知训练卡

作业任务	供油泵解体检修	作业类别	检修	作业岗位	锅炉检修工
资源准备	油桶、防噪声耳塞、耐油手套、破布、防尘口罩		作业区域		燃油泵房

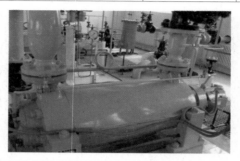

作业任务描述	供油泵解体检修

	潜在的危险		防范措施
1	安措不当导致机械突然转动，可能造成作业人员机械伤害	1	复查停运、停电措施
2	个人防护不当，可能造成燃油腐蚀作业人员皮肤	2	正确着装，佩戴耐油手套，避免长时间接触，如接触，用水彻底清洗
3	作业人员工具使用不当，可能造成被伤害	3	不准单手抡大锤，不准戴手套使用大锤；叶轮轴配件搬运时用力均衡，轻抬稳放
4	工作场所地面存在油液，可能导致作业人员滑倒跌伤	4	严格工作票执行情况，确保油泵进出口门关闭严密，做好防止残油泄漏措施，确保地面整洁
5	个人防护不当，现场噪声可能损伤作业人员听力	5	佩戴防噪声耳塞
6	操作不规范，可能导致作业人员被泵体配件割伤	6	工作人员穿戴好防护手套和防护服，严格执行泵体检修规程及相关标准
7	临时电源漏电，可能造成作业人员触电	7	检查电源盘在检验合格期内，漏电保护器完好，线缆无破损，进入人孔门处应加橡皮绝缘垫
8	切割、焊接作业防护不当，可能造成作业人员眼部和身体灼伤	8	正确佩戴防护眼镜、静电口罩或专用面罩，穿防护服，穿绝缘鞋
9	防火措施不当，可能导致燃油泵房火灾	9	手机放在油泵房门口，严禁携带火柴等火种源。需切割焊接时清除现场易燃物，配置灭火器、接火盆、防火毯，安排看火监护

1.43　转动设备启动作业危险预知训练卡

作业任务	转动设备启动	作业类别	运行	作业岗位	锅炉运行
资源准备	对讲机、绝缘靴、巡检仪、测温仪、测振仪		作业区域	生产现场	

作业任务描述	转动设备启动前检查和启动后测温、测振

	潜 在 的 危 险		防 范 措 施
1	启动噪声太大、灰尘浓度大，防护不当可能损伤运行值班人员耳膜或引起运行值班人员呼吸道疾病	1	正确佩戴防噪声防噪声耳塞好防尘口罩
2	电机存在缺陷，在启动瞬间爆炸或轴承转动部分飞出，可能造成运行值班人员伤害	2	电机启动时人员站在电机的轴向位置，注意启动时有无异声、异味，适时按下事故按钮
3	现场照明不足，可能发生人身伤害	3	夜间检查时必须带手电筒、对讲机，并加强对周边环境的观察
4	转动设备发生危险报警时未及时撤离，造成人身伤害	4	与监盘人员保持联络畅通，相互提醒安全注意事项，发现现场声音、振动、表计等异常，立即撤离至安全地带
5	高空落物可能造成物体打击	5	及时清理高处杂物，正确穿戴安全帽、防砸鞋等防护用品
6	违章上平台爬梯，可能导致人员滑跌受伤	6	上爬梯时用手抓牢扶手
7	运行值班人员衣袖、长发不符合安规要求，测量时可能会被转动部分绞住受伤	7	扣好衣领袖口，女士长发应盘在安全帽内，并保持安全距离
8	测振探头与轴承接触时，用力较大，测振仪滑脱，导致人员失去平衡，造成机械伤害	8	操作缓慢，注意力度适中，双脚站稳

1.44 锅炉防腐作业危险预知训练卡

作业任务	锅炉防腐作业	作业类别	检修	作业岗位	架子工、防腐工
资源准备	脚手架、防坠器、滑板、安全带、磨光机	作业区域		锅炉本体、输煤皮带及烟道	

作业任务描述	锅炉管道、栏杆、设备等除锈、防腐刷漆

潜 在 的 危 险		防 范 措 施	
1	高空作业时可能造成作业人员高空坠落	1	正确使用安全带，高挂抵用，使用安全带前检查安全带绳索是否断股或扭结，组件是否完整、无缺失、无损伤，挂钩的咬口是否到位，保险装置是否完好，检查无误后方可使用，防坠器应预试合格。使用中，两根绳子要挂在两个不同位置的牢固点上，移动过程中两条绳子交替使用，不准同时解开
2	滑板作业时可能造成作业人员高空坠落	2	使用滑板前，检查主绳与副绳是否有断股或打结，同时挂好安全带和防坠器，防坠器和主、副绳要求挂在不同的位置，起到双重保护功能
3	电源线、磨光机发生漏电造成作业人员触电	3	检查磨光机在合格期内，电源线无破损，装设有漏电保护器，电源线不应缠绕在脚手架、栏杆上，装设高度，室内大于2.5m、室外大于4m、室外影响道路通行时应不低于6m
4	不正确使用磨光机，可能造成作业人员机械伤害	4	用磨光机除锈必须带好防尘口罩、防护眼镜，打磨时注意防止电源线被磨光机缠住，更换砂轮片时要切断电源
5	在受限空间防腐作业防护不当，可能造成作业人员中毒或窒息	5	施工前戴好防尘口罩、防护眼镜，首先测量氧气和可燃气体含量是否合格，工作时不得少于三人，一人在人孔门处监护，内部一人监护、一人工作，时刻保持联系
6	作业人员随意倚靠有缺陷栏杆等不牢固物体，可能造成滑落伤害	6	工作中禁止倚靠栏杆

1.45 原煤仓内部清理作业危险预知训练卡

作业任务	原煤仓内部清理	作业类别	检修	作业岗位	检修工
资源准备	氧气瓶、乙炔瓶、电焊机、磨光机、临时电源、脚手架、安全带	作业区域		17m 原煤仓处	

作业任务描述	原煤仓内部清理

	潜 在 的 危 险		防 范 措 施
1	受限空间内作业可能造成人员中暑、碰伤、窒息等	1	应打开所有人孔门通风，应填写受限空间进出登记表，人孔门处应设置 1 名监护人，随时与内部人员联系，根据身体条件轮流休息，工作结束前必须清点人数
2	高处作业可能造成人员坠落	2	作业前检查脚手架合格，上部栏杆牢固，使用合格的双挂钩安全带，应高挂低用
3	清理程序不当，造成积煤坍塌，可能造成作业人员被掩埋	3	清理作业应自上而下进行
4	临时电源漏电可能造成作业人员触电	4	检查用电设备在检验合格期内，临时电源漏电保护器完好，线缆无破损
5	切割、焊接作业可能引发火灾	5	清除现场易燃物，配置灭火器、接火盆、防火毯，安排看火监护；严格执行相关动火工作票制度
6	切割、焊接作业防护不当，可能造成作业人员眼部和身体伤害	6	正确佩戴防护眼镜、静电口罩或专用面罩，穿焊工服，穿绝缘鞋
7	交叉作业可能发生高空落物伤人	7	检查当日作业点上下部无其他工作，否则，做好隔离措施
8	个人防护不当，现场噪声可能损伤作业人员听力	8	佩戴防噪声耳塞

1.46 锅炉汽包内部作业危险预知训练卡

作业任务	拆卸汽包内部汽水分离器	作业类别	检修	作业岗位	锅炉检修工
资源准备	通风机、电源线、行灯、气体检测仪、受限空间进出登记表、防尘口罩	作业区域		锅炉汽包	

作业任务描述	拆除汽包内部汽水分离器

	潜在的危险		防范措施
1	通风不畅造成汽包内氧气浓度不足，人员进入会造成人员窒息	1	人员进入前应进行强制通风，并检测合格方可入内。氧气含量应在 19.5％～21％ 之间。汽包外部应设置专职监护人，保持内外部联系畅通。人员进入汽包内部工作应登记，工作结束前必须清点人数及工器具
2	汽包内部有粉尘，吸入呼吸道会导致肺部疾病	2	进入汽包内工作，应正确佩戴合格的防尘口罩
3	电动工具、临时电源破损漏电，未使用防爆灯具，可能引发人身触电	3	检查临时电源在检验合格期内、漏电保护器完好，手持式电动工具完好，电缆中间无接头。应使用12V安全电压防爆型行灯。电源插盘和行灯变压器等设备不得进入汽包内部
4	工器具损坏，导致人员收到机械伤害	4	佩戴统一发放的劳保手套。工作前检查工器具，保证工器具外观无缺陷，正确使用合格的扳手等工器具

1.47 水冷壁防磨防爆检查作业危险预知训练卡

作业任务	对水冷壁进行防磨防爆检查	作业类别	检修	作业岗位	锅炉检修工
资源准备	临时电源线、防爆照明灯、受限空间进出登记表、防尘口罩、安全带	作业区域		锅炉受热面	

作业任务描述	对水冷壁进行防磨防爆检查

	潜 在 的 危 险		防 范 措 施
1	个人防护不当，可能吸入粉尘造成作业人员肺部疾病	1	正确佩戴统一发放的防尘口罩
2	照明不足，可能导致人身伤害	2	进入炉膛时应架设照明灯具。防磨防爆检查人员配备强光手电
3	临时电源和照明设施漏电，可能导致人员触电	3	炉膛内部应使用防爆型照明灯。电源插盘和行灯变压器等设备不得进入炉膛内部。检查电源盘在检验合格期内，漏电保护器完好，线缆无破损且穿过炉膛人孔门或观火孔时进行防护
4	使用升降平台时，平台上升或下降失控，导致人员受到伤害	4	操作和维护升降平台的人员具有资质或必须的技能。使用升降平台进行水冷壁检查时，所有人员必须佩戴安全带，挂在专用安全绳上。升降平台使用人员在使用升降平台前，需学习升降平台使用的相关安全规定。检查升降平台抱闸等设施安全可靠。在平台上有人工作时，应保证抱闸、电源处有专人监护，保持通信联络畅通
5	高处作业，有可能产生高处坠落伤害	5	佩戴合格的双挂钩安全带，并高挂低用
6	炉膛内部或与上部烟道间交叉作业，使用工具未可靠固定，会产生高空落物，可能受到高空落物的物体打击伤害	6	工作前应了解区域内的交叉作业情况，并与涉及交叉作业的作业组提前沟通，避免垂直交叉作业情况发生。工器具等物品采用工具袋存放，工具袋应放置在可靠、牢固的地方

1.48 锅炉省煤器换管作业危险预知训练卡

作业任务	对锅炉尾部受热面超标管子进行更换	作业类别	检修	作业岗位	锅炉检修工、电焊工
资源准备	临时电源线、防爆照明灯、受限空间进出登记表、防尘口罩、电焊机、氧气瓶、乙炔瓶、倒链、切割机、防护眼镜、焊工服	作业区域			锅炉竖直烟道内

作业任务描述	对锅炉尾部受热面超标管子进行更换

	潜 在 的 危 险		防 范 措 施
1	密闭空间违章作业，可能造成检修人员遗留在烟道内，造成人员伤害	1	进入锅炉尾部受热面内部应登记，外部应设置专职监护人，随时与内部人员联系。工作结束前必须清点人数及工器具
2	作业人员个人防护不当吸入粉尘有可能造成肺部疾病	2	正确佩戴统一发放的防尘口罩
3	炉内照明不足，可能导致人身伤害	3	进入省煤器区域工作前时应架设照明灯具
4	临时电源、电焊机和照明设施漏电，可能导致人员触电	4	照明灯具应使用防爆型照明灯。电源插盘和行灯变压器等设备不得进入锅炉尾部受热面内部。检查电源盘在检验合格期内，漏电保护器完好，线缆无破损且穿过人孔门时应进行防护
5	工器具失效或使用不当会造成机械伤害	5	检查工器具均在检验合格期内，且完好无损。使用倒链拉开的管屏应使用枕木支撑，做好二次防护。进行切割打磨工作时必须佩戴防护眼镜。停止使用电动工具时应将插头从电源盘上拔出
6	焊接作业防护不当，可能造成眼睛和身体灼伤	6	焊工正确佩戴使用焊工专用面罩，穿专业焊工服。钳工配合时应佩戴防护眼镜
7	与上部、下部烟道间交叉作业，可能受到高空落物的物体打击伤害	7	工作前应了解区域内的交叉作业情况，避免与涉及交叉作业的作业面发生垂直交叉作业情况
8	动火作业可能引发火灾	8	清除现场易燃物，配置灭火器。氧气、乙炔瓶应垂直牢固固定，间距不少于8m，距离明火不小于10m。气带无破损、漏气，乙炔回火器安装到位。工作结束前检查现场有无遗留火种、焊渣

1.49　水冷壁换管作业危险预知训练卡

作业任务	更换水冷壁管	作业类别	检修	作业岗位	锅炉检修工、电焊工
资源准备	临时电源线、防爆照明灯、受限空间进出登记表、防尘口罩、安全带	作业区域		锅炉受热面	

作业任务描述	对水冷壁进行防磨防爆检查

	潜 在 的 危 险		防 范 措 施
1	作业人员个人防护不当吸入粉尘有可能造成肺部疾病	1	正确佩戴统一发放的防尘口罩
2	炉内照明不足，可能导致人身伤害	2	进入炉膛时应架设照明灯具。防磨防爆检查人员配备强光手电
3	临时电源和照明设施漏电，可能导致人员触电	3	炉膛内部应使用防爆型照明灯。电源插盘和行灯变压器等设备不得进入炉膛内部。检查电源盘在检验合格期内，漏电保护器完好，线缆无破损且穿过炉膛人孔门或观火孔时进行防护
4	使用升降平台时，平台上升或下降失控，导致人员受到伤害	4	操作和维护升降平台的人员具有资质或必需的技能。使用升降平台进行水冷壁检查时，所有人员必须佩戴安全带，挂在专用安全绳上。升降平台使用人员在使用升降平台前，需学习升降平台使用的相关安全规定。检查升降平台抱闸等设施安全可靠。在平台上有人工作时，应保证抱闸、电源处有专人监护，保持通信联络畅通
5	使用工具未可靠固定，会产生高空落物，导致人员受到物体打击伤害	5	工器具等物品采用工具袋存放，工具袋应放置在可靠、牢固的地方
6	高处作业，有可能产生高处坠落伤害	6	佩戴合格的双挂钩安全带，并高挂低用
7	炉膛内部或与上部烟道间交叉作业，可能受到高空落物的物体打击伤害	7	工作前应了解区域内的交叉作业情况，与涉及交叉作业的作业组提前沟通，避免垂直交叉作业

1.50 屏式过热器检修作业危险预知训练卡

作业任务	屏式过热器超标管更换	作业类别	检修	作业岗位	锅炉检修工、焊工
资源准备	临时电源线、防爆照明、受限空间进出登记表、防尘口罩、安全带、脚手架、电焊机、氧气瓶、乙炔瓶、橡胶管、防护眼镜、焊工服、绝缘鞋	作业区域		锅炉炉膛上部	

作业任务描述	对锅炉屏式过热器进行检查、管道切割、焊接处理等

	潜 在 的 危 险		防 范 措 施
1	受限空间内作业安全措施不牢靠，可能造成人员中暑、碰伤等	1	应打开所有人孔门通风，超过60℃不得进入；应填写受限空间进出登记表，人孔门处应设置1名监护人，随时与内部人员联系；根据身体条件轮流休息；工作结束前必须清点人数
2	作业人员个人防护不当吸入粉尘有可能造成肺部疾病	2	正确佩戴统一发放的防尘口罩
3	临时电源漏电，可能造成人员触电	3	应使用防爆照明，高挂固定；检查用电设备检验合格，漏电保护器完好，线缆无破损；人孔门处的电源线应加橡皮绝缘垫
4	高处作业可能造成人员坠落	4	作业前检查脚手架合格；使用合格的双挂钩安全带，应高挂低用；使用升降平台作业时佩戴专用安全带，使用专用安全绳
5	受热面附着有焦块，可能掉落伤人	5	检修前将焦块自上而下敲落，确保下方无人员工作
6	切割、焊接作业个人防护不当，可能造成作业人员眼部和身体灼伤	6	正确佩戴防护眼镜、静电口罩或专用面罩，穿防护服，穿绝缘鞋
7	切割、焊接作业安全措施不当，可能引发火灾	7	清除现场易燃物，配置灭火器、接火盆、防火毯，安排看火监护
8	交叉作业可能发生高空落物伤人	8	工作前应了解区域内的交叉作业情况，并与涉及交叉作业的作业组提前沟通，避免垂直交叉作业情况发生
9	氧气、乙炔使用中措施不当，可能引发火灾、爆炸	9	氧气、乙炔瓶应垂直牢固固定，间离不小于8m，距离明火不小于10m，减压器、压力表、橡胶管应完好，使用专用工具开启

1.51 锅炉水压试验时检查作业危险预知训练卡

作业任务	配合水压试验 进行全面检查	作业类别	检修	作业岗位	锅炉检修工
资源准备	受限空间进出登记表、防尘口罩、强光手电		作业区域		锅炉受热面

作业任务描述	配合水压试验进行全面检查

	潜 在 的 危 险		防 范 措 施
1	盲目进入锅炉内部检查，可能造成爆裂的受热面管子伤害或烫伤检查人员	1	检查前学习水压试验方案。每个检查小组不得少于2人。达到目标压力值压力稳定后，方可允许进行泄漏检查。发现泄漏点，应在泄压后方可靠近检查
2	作业人员个人防护不当吸入粉尘有可能造成肺部疾病	2	正确佩戴统一发放的防尘口罩
3	炉内照明不足，可能引起人身伤害	3	开始前，检查组统一配发强光手电并检查手电的照度是否合适

1.52 锅炉空气预热器检修作业危险预知训练卡

作业任务	锅炉空气预热器检修	作业类别	检修	作业岗位	锅炉检修工、电焊工
资源准备	临时电源线、行灯、受限空间进出登记表、防尘口罩、安全带、脚手架、氧气瓶、乙炔瓶、橡胶管	作业区域		空预器区域	

作业任务描述	锅炉空气预热器检修

	潜 在 的 危 险		防 范 措 施
1	受限空间内作业安全措施不牢靠，可能造成人员中暑、碰伤等	1	应打开所有人孔门通风，超过40℃不得进入；应填写受限空间进出登记表，人孔门处应设置1名监护人，随时与内部人员联系；根据身体条件轮流休息；工作结束前必须清点人数
2	作业人员个人防护不当吸入粉尘有可能造成肺部疾病	2	正确佩戴统一发放的防尘口罩
3	临时电源漏电可能造成人员触电	3	应使用36V以下防爆照明，高挂固定；检查用电设备在检验合格期内，临时电源漏电保护器完好，线缆无破损；进入人孔门处的电源线应加橡皮绝缘垫
4	高处作业可能造成人员坠落	4	作业前检查脚手架合格；使用合格双挂钩安全带，应高挂低用；安全带无法钩挂时应装设手扶平衡安全绳
5	氧气、乙炔使用中措施不当，可能引发火灾、爆炸	5	氧气、乙炔瓶应垂直牢固固定，间离不小于8m，距离明火不小于10m，减压器、压力表、橡胶管应完好，使用专用工具开启
6	作业人员沟通不畅，机械转动时可能导致作业人员碰伤	6	保持内外部通信联络方式畅通，盘车前得到内部人员回应后再盘车
7	交叉作业可能发生高空落物伤人	7	工作前应了解区域内的交叉作业情况，并与涉及交叉作业的作业组提前沟通，避免垂直交叉作业情况发生

1.53 燃烧器解体作业危险预知训练卡

作业任务	对燃烧器喷口进行解体检查、检修	作业类别	检修	作业岗位	锅炉检修工
资源准备	临时电源线、防尘口罩、安全带、倒链，脚手架	作业区域		锅炉燃烧器	

作业任务描述	对燃烧器喷口进行解体检查、检修

	潜 在 的 危 险		防 范 措 施
1	高处作业，有可能产生高处坠落伤害	1	佩戴合格的双挂钩安全带，并高挂低用
2	作业人员个人防护不当吸入粉尘有可能造成肺部疾病	2	正确佩戴统一发放的防尘口罩
3	备件起吊、运输过程中，吊索、吊具失效，备件坠落，可能导致人员砸伤	3	配备有资格能力的专职起重人员指挥吊装。起重锁具等应检验合格，且正确使用。吊装区域禁止无关人员进入，禁止使用管道、栏杆等作为起重点进行吊装
4	临时电源和照明设施漏电，可能导致人员触电	4	炉膛内部应使用防爆型照明灯。电源插盘和行灯变压器等设备不得进入炉膛内部。检查电源盘在检验合格期内，漏电保护器完好，线缆无破损且穿过炉膛人孔门或观火孔时进行防护
5	使用升降平台时，平台上升或下降失控，导致人员受到伤害	5	操作和维护升降平台的人员具有资质或必需的技能。使用升降平台进行水冷壁检查时，所有人员必须佩戴安全带，挂在专用安全绳上。升降平台使用人员在使用升降平台前，需学习升降平台使用的相关安全规定。检查升降平台抱闸等设施安全可靠。在平台上有人工作时，应保证抱闸、电源处有专人监护，保持通信联络畅通
6	使用工具未可靠固定，会产生高空落物，导致人员受到物体打击伤害	6	工器具等物品采用工具袋存放，工具袋应放置在可靠、牢固的地方
7	交叉作业，可能导致高空落物伤害	7	工作前应了解区域内的交叉作业情况，并与涉及交叉作业的作业组提前沟通，签署交叉作业互保协议，避免垂直交叉作业

1.54 烟温挡板检修作业危险预知训练卡

作业任务	烟温挡板检修	作业类别	检修	作业岗位	锅炉检修工、焊工
资源准备	临时电源线、防爆照明、受限空间进出登记表、防尘口罩、安全带、脚手架、电焊机、氧气瓶、乙炔瓶、橡胶管、防护眼镜、焊工服、绝缘鞋	作业区域		烟温挡板区域	

作业任务描述	烟温挡板内外部检查、检修

	潜 在 的 危 险		防 范 措 施
1	安全措施不当导致挡板转动,可能挤伤作业人员或挡板打开后人员掉落	1	确保设备停电
2	受限空间内作业安全措施不牢靠,可能造成人员中暑、碰伤等	2	应打开所有人孔门通风,超过60℃不得进入;应填写受限空间进出登记表,人孔门处应设置1名监护人,随时与内部人员联系;根据身体条件轮流休息;工作结束前必须清点人数
3	作业人员个人防护不当吸入粉尘有可能造成肺部疾病	3	正确佩戴统一发放的防尘口罩
4	临时电源漏电可能造成人员触电	4	应使用防爆照明,高挂固定;检查用电设备检验合格,漏电保护器完好,线缆无破损;人孔门处的电源线应加橡皮绝缘垫
5	切割、焊接作业个人防护不当可能造成眼部和身体灼伤	5	正确佩戴防护眼镜、静电口罩或专用面罩,穿防护服,穿绝缘鞋
6	防火措施落实不到位,切割、焊接作业可能引发火灾	6	清除现场易燃物,配置灭火器、接火盆、防火毯,安排看火监护
7	氧气、乙炔使用中措施不当,可能引发火灾、爆炸	7	氧气、乙炔瓶应垂直牢固固定,间离不小于8m,距离明火不小于10m,减压器、压力表、橡胶管应完好,使用专用工具开启

1.55　烟风道检修作业危险预知训练卡

作业任务	对烟风道内部支撑检修、漏点消除	作业类别	检修	作业岗位	锅炉检修工、焊工
资源准备	临时电源线、防爆照明灯、受限空间进出登记表、防尘口罩、电焊机、焊工服、氧气、乙炔、脚手架、防护眼镜	作业区域			锅炉烟风道

作业任务描述	对空气预热器出口烟道内部支撑检修、漏点消除

	潜在的危险		防范措施
1	密闭空间违章作业，可能造成检修人员遗留在烟道内，造成人员伤害	1	进入锅炉尾部受热面内部应登记，外部应设置专职监护人，随时与内部人员联系。工作结束前必须清点人数及工器具
2	作业人员个人防护不当吸入粉尘有可能造成肺部疾病	2	正确佩戴统一发放的防尘口罩
3	烟风道内照明不足，可能导致人身伤害	3	进入烟风道内工作前应架设照明灯具
4	临时电源、电焊机和照明设施漏电，可能导致人员触电	4	照明灯具应使用36V以下防爆型照明灯。电源插盘和行灯变压器等设备不得进入锅炉尾部受热面内部。检查电源盘在检验合格期内，漏电保护器完好，线缆无破损且穿过人孔门时应进行防护
5	工器具失效或使用不当会造成作业人员机械伤害	5	检查工器具均在检验合格期内，且完好无损。使用倒链拉开的管屏应使用枕木支撑，做好二次防护。进行切割打磨工作时必须佩戴防护眼镜。停止使用电动工具时应将插头从电源盘上拔出
6	焊接作业防护不当，可能造成作业人员眼睛和身体灼伤	6	焊工正确佩戴使用焊工专用面罩，穿专业焊工服。钳工配合时应佩戴防护眼镜
7	与上部、下部烟道间交叉作业，可能受到高空落物的物体打击伤害	7	工作前应了解区域内的交叉作业情况，并与涉及交叉作业的作业组提前沟通，避免垂直交叉作业情况发生
8	防火措施落实不到位，动火作业可能引发火灾	8	清除现场易燃物，配置灭火器。氧气、乙炔瓶应垂直牢固固定，间距不小于8m，距离明火不小于10m。气带无破损、漏气，乙炔回火器安装到位。工作结束前检查现场有无遗留火种、焊渣
9	安措存在漏洞，可能导致在水平烟风道与垂直烟风道转弯处工作时可能导致高处坠落伤害	9	在烟风道垂直变向处设置临时硬质围栏，并悬挂警示标示

1.56 管道保温作业危险预知训练卡

作业任务	管道保温安装及拆除	作业类别	检修	作业岗位	架子工、保温工
资源准备	脚手架、安全带、防坠器、保温棉、手电钻、铆钉枪、外护	作业区域			全厂生产区域

作业任务描述	管道保温安装及拆除

	潜 在 的 危 险		防 范 措 施
1	特种工资质审查存在漏洞，可能导致架子工带病高空作业造成高空坠落	1	患有心脏病、高血压、精神病、癫痫病等疾病不得从事高空作业，高处作业人员衣着合体，但不能敞怀露胸，要穿软底防滑鞋，搭设悬空架子时，首先用安全网把孔洞盖好，防护措施到位后，方可搭设，现场照明应充足
2	违反作业程序要求，导致物料随意摆放，可能造成高空落物伤人	2	高处作业中所用物料应堆放平稳，不能放在临边或洞口附近，不能影响通道通行或装卸，对作业周边的区域应随时打扫干净，拆卸下来的铁皮、保温棉要及时运走，不得乱放或向下丢弃，传递物件时，不能抛掷，人员要上下呼应方可松手，凡是可能坠落的任何材料都要固定在牢固的构架上，使用的扳手、钳子、壁纸刀、手电钻、铆钉枪要放入工具袋中
3	未正确使用安全带、防坠器可能造成高空坠落	3	使用安全带前应检查安全带绳索是否断股或扭结，组件是否完整、无缺失、无损伤，挂钩的咬口是否到位、保险装置是否完好，检查无误后方可使用，防坠器应预试合格，使用中，两根绳子要挂在两个不同位置的牢固点上，移动过程中两条绳子交替使用，不准同时解开
4	个人防护不到位，可能在装拆保温时造成肺部疾病、皮肤瘙痒、眼睛损伤或手被锋利的保温铁皮割伤	4	施工前戴好防尘帽、防尘口罩，领口、袖口系好，防止岩棉碎屑进入呼吸道、眼睛和皮肤，戴好手套，防止割伤手
5	在高温高压汽水管道区域工作时，有可能造成作业人员被烫伤	5	要清楚附近高温高压蒸汽管道的区域范围，明确躲避位置，发现声音突变等异常情况及时撤离
6	电源线、手电钻发生漏电，可能造成作业人员触电	6	工作开始前检查手电钻在合格期内，电源线无破损，电源线不应缠绕在脚手架、栏杆上，装设高度，室内大于2.5m、室外大于4m、室外影响道路通行时应不低于6m

1.57　电梯维修作业危险预知训练卡

作业任务	更换关门机构钢丝绳	作业类别	检修	作业岗位	电梯维护工
资源准备	手套、安全带、安全帽、扳手、螺丝刀、手锤、"正在检修"指示牌等	作业区域		电梯竖井内	

作业任务描述	电梯检修（更换关门机构钢丝绳）

	潜 在 的 危 险		防 范 措 施
1	安全措施不到位，导致电梯维修期间，可能有其他非专业人员操作或强行进入电梯，造成维修人员或乘客受伤	1	在电梯口放置"正在检修"指示牌，防止他人误操作或误入电梯
2	进入轿顶维修期间工具摆放不到位可能导致物品掉落造成人员伤亡	2	工具摆放有序，大件要捆扎牢固，小件放入工具袋，正确佩戴安全帽
3	进入轿顶工作时可能发生人员高空坠落	3	在轿顶工作时，使用检验合格的双扣安全带，高挂低用并穿防滑鞋
4	带电调试时，可能发生误碰带电设备存在触电危险	4	穿绝缘鞋，先断电检查无明显漏电点，否则断电维修
5	个人防护不到位，导致作业人员衣服被转动机械部件夹住，存在机械挤压伤害	5	正确着装，女士长发必须盘在安全帽内
6	防护措施不到位，可能导致电梯井道、机房发生火灾	6	机房摆放灭火装置，机房井道内不放置易燃易爆物品

1.58 脚手架搭拆作业危险预知训练卡

作业任务	脚手架搭拆	作业类别	施工	作业岗位	架子工
资源准备	脚手杆、脚手板、扣件、扳手、工具袋、安全带、安全网、防坠器	作业区域		施工现场	

作业任务描述	现场施工脚手架搭拆

	潜 在 的 危 险		防 范 措 施
1	高处作业可能发生高空坠落	1	患有心脏病、高血压、精神病、癫痫病等疾病不得从事高空作业，高处作业人员衣着合体，但不能敞怀露胸，要穿软底防滑鞋。搭设悬空架子时，首先用安全网把孔洞盖好，防护措施到位后，方可搭设。正确佩戴安全帽，使用合格双挂钩安全带，并应高挂低用。搭设安全绳、安全网，使用防坠器，拆除脚手架时，必须设专人监护
2	脚手架搭设材料缺陷，可能导致脚手架坍塌伤人	2	使用前检查脚手杆、脚手板、扣件等合格
3	脚手架搭设过程中，扔、抛脚手管件，易发生伤人事件	3	严禁扔、抛管件
4	高空落物可能造成物体打击	4	工具应有安全绳，扳手、扣件等工具、小材料，不用时放入工具袋、工具箱，脚手架搭、拆现场要设置围栏，悬挂警告牌
5	未按工艺、工序要求搭设，可能造成脚手架坍塌	5	应按工艺、工序要求搭设：地面夯实、平整，立杆垂直稳放在垫板上，剪刀撑与建（构）筑物连接牢固等，拆除脚手架时，应按照顺序进行由上而下进行，保证不发生倾斜、倒塌现象
6	在高温高压管道、阀门附近，不注意观察现场情况，可能导致汽水烫伤	6	应事先规划躲避路线，发现异常声音和振动，及时躲避
7	在电气设备附近搭设，误碰带电设备，可能造成触电	7	先将电气设备停电，如不能停电，必须先做好防止触电和损坏电气设备的措施。必要时需要电气人员监护
8	在噪声大、粉尘浓度大的区域，不正确佩戴劳保用品，可能造成听力或呼吸道受损	8	正确佩戴防噪声耳塞和防尘口罩
9	现场照明不足，可能造成人员受伤害	9	照明不足时应增加临时照明，电源线不应有破损或裸露的接头，在穿过人孔门等坚硬部分时应加橡皮绝缘垫
10	受限空间作业措施不当，可能引起作业人员中毒、窒息或火灾	10	严格执行受限空间进、出登记制度，严格落实通风和检测，清理易燃物质，落实防火措施
11	交叉作业，可能造成高空落物伤害	11	确认脚手架搭、拆现场无交叉作业，否则，做好隔离措施

1.59　生产现场保洁作业危险预知训练卡

作业任务	生产现场保洁作业	作业类别	施工	作业岗位	物业保洁人员
资源准备	扫把，雨鞋，手套、安全带、安全绳、防噪声耳塞、护目镜、防尘口罩		作业区域		公司生产现场

作业任务描述		生产现场保洁作业	

	潜在的危险		防范措施
1	厂区道路冲洗时，不注意避让车辆，可能造成车辆伤害	1	注意避让机动车辆，安排专人指挥其他机动车注意避让。洒水车倒车时安排专人指挥
2	清扫车司机无证驾驶，可能发生撞击行人的车辆伤害	2	班组长利用工前会检查驾驶员持证情况
3	车辆方向、制动存在缺陷，可能导致撞击行人的车辆伤害	3	驾驶员检查制动、灯光、信号、液压系统工作正常、轮胎安全可靠后方可进场作业
4	生产现场高处作业时不正确佩戴安全带、防坠器，未设置安全绳、网，可能发生高处坠落	4	正确佩戴合格的双扣安全带，在不适合悬挂安全带的地方设置安全绳和防坠器，孔、洞处要设置坚固的、高度1.2m的临时栏杆
5	在要求佩戴防噪声耳塞的场所作业，不佩戴防噪声耳塞，可能造成听力损伤	5	正确佩戴防噪声耳塞
6	使用压缩空气吹扫格栅缝隙内灰尘时，未佩戴防护眼镜，可能造成眼睛受伤	6	佩戴防护眼镜
7	水冲洗时误冲电气设备，可能造成触电	7	冲洗作业前对电气设备做好防水措施
8	着装不合格，可能导致转机伤人	8	禁止擦拭转动中的机器设备，不能戴手套擦拭，衣服的领口、袖口系紧，女同志长发必须盘在安全帽内，应穿可视化工作服或马甲，马甲纽扣必须系好
9	进入粉尘浓度高的生产场所，不按规定佩戴防尘口罩，可能造成肺部疾病	9	按照规定佩戴防尘口罩
10	输煤皮带区域违章越过围栏清扫积粉，可能导致转机伤人	10	不能越过围栏进行保洁，手不能伸进围栏的格栅，穿越皮带要走通行桥
11	进入生产现场机房内，不按规定着装，可能造成高温烫伤	11	按规定着装，禁止穿短袖，挽袖口
12	工作现场照明不足，可能导致人身伤害	12	照明不足时设置临时照明，亮度合格
13	长时间停留在高温高压管道、仪表区域，一旦泄漏，可能导致高温汽水烫伤	13	不能长时间待在该区域，工作过程中注意观察周围是否有异常的声音或振动，找好躲避的地点，清理完卫生，立即撤离
14	个人防护不当，可能因化学酸碱罐泄漏导致人员中毒或化学烧伤	14	穿专用耐酸碱工作服，注意异常声音和气味，一旦发现异常及时撤离

1.60 高压电缆更换敷设作业危险预知训练卡

作业任务	高压电缆更换敷设作业	作业类别	维护	作业岗位	电气检修工
资源准备	安全带、撬杠、强光手电、钳子、活动扳手、防尘口罩	作业区域		电缆敷设区域	

作业任务描述	高压电缆更换敷设作业

	潜 在 的 危 险		防 范 措 施
1	走错间隔，误碰带电设备，可能造成人员触电	1	工作前，对检修区域进行隔离。核对设备名称及编号，防止走错间隔。穿绝缘鞋，与带电的间隔保持安全距离
2	工作前个人防护不到位，造成人员触电	2	电缆试验前后以及试验过程中更换试验引线时，作业人员应戴好绝缘手套，对被试电缆（或试验设备）充分放电
3	开启电缆井井盖时未使用专用工具，可能造成井盖滑脱后伤人	3	开启电缆井井盖、电缆沟盖板及电缆隧道入孔盖时应使用专用工具，同时注意放置位置，防止滑脱后伤人。开启后应做好防止交通事故的安全措施，设置标准路栏围起，有专人看守，并有明显标记；夜间施工人员应佩戴反光标志，施工地点应加挂警示灯，以防行人或车辆等误入。工作人员撤离电缆井或隧道后，应立即将井盖盖好
4	进入电缆隧道未进行充分通风，可能造成作业人员中毒	4	进入电缆隧道，进行通风，动火时开动火票
5	穿抽电缆时，可能导致与带电电缆摩擦引起绝缘击穿，造成人员触电	5	穿抽电缆时注意与边角相邻电缆的防护
6	电缆试验时安全措施存在漏洞，可能导致非作业人员误入试验场所受到伤害	6	电缆耐压试验前，加压端应做好安全措施，防止人员误入试验场所，另一端应设置并挂上警告标示牌，并派人看守

1.61 电气预防性试验作业危险预知训练卡

作业任务	电气预防性试验	作业类别	电气试验	作业岗位	电气检修工
资源准备	活动扳手、螺丝刀、开口扳手、套筒、安全带		作业区域		变压器、变电站设备处

作业任务描述	电气预防性试验

潜 在 的 危 险		防 范 措 施	
1	走错间隔，误碰带电设备，可能造成人员触电	1	工作前，核对设备名称及编号，防止走错间隔。穿绝缘鞋；与带电的间隔保持安全距离
2	工器具未做防护，可能造成人员触电	2	高压试验应采用专用的高压试验线，试验线的长度应尽量缩短，必要时用绝缘物支撑牢固。试验装置的金属外壳应可靠接地
3	高处作业个人防护不到位，可能导致人员高处坠落	3	工作必须佩戴安全带，2人以上工作，加强监护，变电站作业使用的工程车，外壳必须接地或验收合格的木质脚手架
4	试验过程中防护不到位，可能引起作业人员触电	4	试验现场应装设遮栏，向外悬挂"止步，高压危险！"的标示牌，并派人看守。被试设备两端不在同一地点时，一端加压，另一端还应派人看守
5	在有静电感应的设备上拆、搭高压试验引线，防护不到位可能造成人员伤害	5	在有静电感应的设备上拆、搭高压试验引线，拆、搭运行中设备接地线进行接地电阻测量时应戴绝缘手套

1.62　巡视高压设备作业危险预知训练卡

作业任务	巡视高压设备	作业类别	维护	作业岗位	电气维护工、运行值班员
资源准备	钥匙、测温仪、手电筒		作业区域		变电站、变压器、配电室

作业任务描述		巡视高压设备	
潜 在 的 危 险		**防 范 措 施**	
1	走错间隔，误碰带电设备，可能造成人员触电	1	经本单位批准允许单独巡视高压设备的值班员和非值班员，巡视高压设备时，不得进行其他工作，不得移开或越过遮栏
2	雷雨天气检查，安全措施不完善，可能造成人员触电	2	雷雨天气巡视室外高压设备时，应穿绝缘靴，禁止使用伞具，并不得靠近避雷器和避雷针。高压设备发生接地故障时，室内人员进入接地点4m以内，室外人员进入接地点8m以内，均应穿绝缘靴。接触设备的外壳和构架时，必须戴绝缘手套
3	进入配电室，防护措施不当，可能造成小动物进入，导致设备跳闸损坏	3	巡视配电装置，进入配电室，必须随手将门关闭；离开时，必须将门锁好。配电室等门口应装设防鼠板

1.63　电气设备测绝缘作业危险预知训练卡

作业任务	电气设备测绝缘	作业类别	维护	作业岗位	电气检修工
资源准备	验电器、摇表、手电筒		作业区域	变电站、变压器、配电室	

作业任务描述	电气设备测绝缘

	潜 在 的 危 险		防 范 措 施
1	走错间隔，误碰带电设备，可能造成人员触电	1	测试前，确认设备停电，核对名称编号无误后方可测试。核对使用绝缘电阻表测量高压设备绝缘，应由两人担任
2	摇表线绝缘损坏，可能造成人员触电受伤	2	检查测量用的绝缘导线，其端部应有绝缘套。防止手碰伤人
3	安措不完善，导致在有人工作时测绝缘，可能造成人员触电	3	测量设备绝缘电阻时，必须将被测设备从各方面断开，验明无电压，确实证明设备无人工作后，方可进行。在测量中禁止他人接近设备。在测量绝缘前后，必须将被试设备对地放电。测量线路绝缘时，应取得许可并通知对侧后，方可进行
4	安措不完善，在带电设备附近测量绝缘电阻时，可能导致工作人员触电	4	在带电设备附近测量绝缘电阻时，测量人员和绝缘电阻表的位置，必须选择适当，保持安全距离，以免绝缘电阻表引线或引线支持物触碰带电部分。移动引线时，必须注意监护，防止工作人员触电

1.64 380V（含变频器/PLC）控制箱检修作业危险预知训练卡

作业任务	380V（含变频器/PLC）控制箱检修作业	作业类别	检修	作业岗位	电气检修工
资源准备	钳子、螺丝刀、套筒、活动扳手、胶皮	作业区域		380V（含变频器/PLC）配电室控制箱处	

作业任务描述	380V（含变频器/PLC）控制箱检修作业

	潜 在 的 危 险		防 范 措 施
1	走错间隔，误碰带电设备，可能造成人员触电	1	核对设备名称及编号，防止走错间隔。对检修区域进行隔离。穿绝缘鞋，与带电部位保持安全距离
2	工作前未进行验电，可能造成人员触电	2	工作前验电，佩戴绝缘手套。移动电源盘漏电保护开关动作可靠，检验合格证不过期
3	工具使用不当，可能造成物体打击	3	工作前要准备好合适的工具，防止工具使用不方便造成人员伤害
4	检修过程中防护不到位，可能造成落物伤人	4	正确使用工具，佩戴防护手套或穿防砸鞋

1.65　380VPC、MCC 配电装置检修作业危险预知训练卡

作业任务	380VPC、MCC 配电装置检修	作业类别	检修	作业岗位	电气检修工
资源准备	钳子、螺丝刀、套筒、活动扳手、胶皮	作业区域		380VPC、MCC 配电盘柜处	

作业任务描述	380VPC、MCC 配电装置检修

	潜　在　的　危　险		防　范　措　施
1	走错间隔，误碰带电设备，可能造成人员触电	1	核对设备名称及编号，防止走错间隔。对检修设备进行隔离。邻近的有电回路、设备加装绝缘隔板或绝缘材料包扎等措施
2	工作前未进行验电，可能造成人员触电	2	工作前验电，佩戴绝缘手套。移动电源盘漏电保护开关动作可靠，检验合格证不过期
3	工具使用不当，可能造成物体打击	3	工作前要准备好合适的工具，防止工具使用不方便造成人员伤害。停电更换熔断器（保险）后，恢复操作时，应使用专用工具并应戴手套和防护面罩
4	检修过程中防护不到位，可能造成落物伤人	4	正确使用工具，佩戴防护手套或穿防砸鞋

1.66 6kV 开关柜检修作业危险预知训练卡

作业任务	6kV 开关柜检修	作业类别	检修	作业岗位	电气检修工
资源准备	钳子、螺丝刀、开口扳手、套筒、胶皮	作业区域		6kV 配电室内	

作业任务描述	6kV 开关柜检修作业

	潜 在 的 危 险		防 范 措 施
1	走错间隔，误碰带电设备，可能造成人员触电	1	核对设备名称及编号，防止走错间隔。对检修设备进行网状隔离。相邻运行盘柜及双电源盘柜上锁。检查柜内静触头当板落下并做标识，防止人员打开误碰。与运行母线保持安全距离，穿绝缘鞋
2	工作前未进行验电，可能造成人员触电	2	工作前对一、二次设备验电。母线停电清扫时，对打开的高压母线选择合适的验电器验电，验电时穿绝缘靴戴绝缘手套。移动电源盘漏电保护开关动作可靠，检验合格证不过期
3	工具使用不当，可能造成物体打击	3	工作前要准备好合适的工具，防止工具使用不方便造成人员伤害

1.67 干式变配电装置检修作业危险预知训练卡

作业任务	干式变配电装置检修	作业类别	检修	作业岗位	电气检修工
资源准备	活动扳手、螺丝刀、开口扳手、棉纱、胶皮	作业区域		干式变配电装置处	

作业任务描述		干式变配电装置检修	
潜 在 的 危 险		防 范 措 施	
1	走错间隔，误碰带电设备，可能造成人员触电	1	对检修设备进行隔离，禁止无关人员靠近。核对设备名称及编号，防止走错间隔，与带电的间隔保持安全距离
2	工作前未进行验电，可能造成人员触电	2	工作前验电，穿绝缘鞋戴绝缘手套。移动电源盘漏电保护开关动作可靠，检验合格证不过期
3	工具使用不当，可能造成物体打击	3	工作前要准备好合适的工具，防止工具使用不方便造成人员伤害
4	检修过程中防护不到位，可能造成落物伤人	4	正确使用工具，做好防护防砸防铺垫措施

1.68 高压电机检修作业危险预知训练卡

作业任务	高压电机检修	作业类别	检修	作业岗位	电气检修工
资源准备	活动扳手、螺丝刀、开口扳手、手锤、棉纱、吊具索具	作业区域		施工现场	

作业任务描述	高压电机检修

	潜 在 的 危 险		防 范 措 施
1	工具使用不当，可能造成物体打击	1	工作前要准备好合适使用的工具，防止工具使用不方便造成人员伤害
2	电机及配件拆装过程中防护不当，可能造成人员砸伤、割伤	2	检修过程中轻拿轻放，合理相互隔离，相互监督
3	工作场所地面存在油渍，可能导致人员滑倒跌伤	3	拆装轴承时，及时将积油擦拭干净，确保地面整洁
4	临时电源漏电，可能造成人员触电	4	检查电源盘在检验合格期内，漏电保护器完好，线缆无破损；进入人孔门处应加橡皮绝缘垫
5	电动葫芦、吊具或索具失效以及对吊物捆扎不当，可能造成人员起重伤害	5	使用前检查电动葫芦、吊具索具外观良好；对电动葫芦进行空试；重物吊起前禁止电动葫芦移位；吊物脱离接触面后应检查吊点重心，确保吊物平衡，确认吊物扎牢后再继续起吊或平移；禁止超载使用；禁止无证操作；吊装物下部、隔离区内禁止站人
6	防火措施不当，动火作业可能导致火灾	6	动火人持证上岗，气瓶应垂直放置并固定，氧气瓶和乙炔气瓶的距离不得小于8m，距离明火不得小于10m。焊割点周围和下方应采取防火措施，并放置灭火器材，应指定专人防火监护

1.69 低压电机检修作业危险预知训练卡

作业任务	低压电机检修作业	作业类别	检修	作业岗位	电气检修工
资源准备	活动扳手、螺丝刀、开口扳手、手锤、棉纱、吊具索具	作业区域		低压电机装置处	

作业任务描述	低压电机检修作业

	潜 在 的 危 险		防 范 措 施
1	工具使用不当，可能造成物体打击	1	工作前要准备好合适使用的工具，防止工具使用不方便造成人员伤害
2	电机及配件拆装过程中防护不当，可能造成人员砸伤、割伤	2	检修过程中轻拿轻放，合理相互隔离，相互监督
3	设备漏停电或操作未防护可能造成人身触电	3	工作前必须验电。邻近的有电回路、设备加装绝缘隔板或绝缘材料包扎等措施。停电更换熔断器（保险）后，恢复操作时，应使用专用工具并应戴手套和防护面罩
4	临时电源漏电，可能造成人员触电	4	检查电源盘在检验合格期内，漏电保护器完好，线缆无破损；进入人孔门处应加橡皮绝缘垫
5	电动葫芦、吊具或索具失效以及对吊物捆扎不当，可能造成人员起重伤害	5	使用前检查电动葫芦、吊具索具外观良好；对电动葫芦进行空试；重物吊起前禁止电动葫芦移位；吊物脱离接触面后应检查吊点重心，确保吊物平衡，确认吊物扎牢后再继续起吊或平移；禁止超载使用；禁止无证操作；吊装物下部、隔离区内禁止站人

1.70 发电机励磁系统检修作业危险预知训练卡

作业任务	发电机励磁系统检修作业	作业类别	检修	作业岗位	电气检修工
资源准备	活动扳手、螺丝刀、开口扳手、手锤		作业区域		励磁系统装置处

作业任务描述	发电机励磁系统检修作业

潜在的危险		防范措施	
1	走错间隔，误碰带电设备，可能造成人员触电	1	对检修区域进行隔离，禁止无关人员靠近。核对设备名称及编号，防止走错间隔。穿绝缘鞋；与带电的间隔保持安全距离
2	工作前未进行验电，可能造成人员触电	2	工作前验电，佩戴绝缘手套，移动电源盘漏电保护开关动作可靠，检验合格证不过期
3	工具使用不当，可能造成物体打击	3	工作前要准备好合适的工具，防止工具使用不方便造成人员伤害，检修过程中轻拿轻放，合理相互隔离，相互监督
4	检修过程中防护不到位，可能造成落物伤人	4	正确使用工具，佩戴防护手套或穿防砸鞋

1.71　发电机碳刷装置更换作业危险预知训练卡

作业任务	发电机碳刷更换作业	作业类别	维护	作业岗位	电气维护工
资源准备	活动扳手、螺丝刀、钳子		作业区域		发电机碳刷装置处

作业任务描述	发电机碳刷更换作业

	潜　在　的　危　险		防　范　措　施
1	工具使用不当，可能造成物体打击	1	工作前要准备好合适的工具，防止工具使用不方便造成人员伤害
2	安措出现漏洞，触碰转动的设备时，可能造成人员机械伤害	2	工作人员必须严防衣服及擦拭材料被机器挂住，扣紧袖口，发辫应放在帽内。防止转子划伤手指
3	工作场所照明不足，可能造成作业人员工作中发生滑倒跌伤	3	作业现场的照明定期维护，工作中检修人员做好监护
4	操作不当，可能造成人员触电或机组转子接地	4	工作时站在绝缘垫上（该绝缘垫为常设固定型绝缘垫），不得同时接触两极或一极与接地部分，严禁两人同时进行工作

1.72 发变组保护传动试验作业危险预知训练卡

作业任务	发变组保护传动试验作业	作业类别	电气试验	作业岗位	电气检修工
资源准备	笔记本、定值单（变更单）、打印纸、电源盘	作业区域		电子间	

作业任务描述	发变组保护传动试验作业

	潜 在 的 危 险		防 范 措 施
1	走错间隔，误碰带电设备，可能造成人员触电	1	工作开始前，核查已做的安全措施是否符合要求，核对设备名称，严防走错位置，在工作屏的正、背面设置有"在此工作"的标志，在全部或部分带电的运行屏（柜）上进行工作时，应将检修设备与运行设备前后以明显的标志隔开。清扫运行中的设备和二次回路时，应使用绝缘工具，特别注意防止振动，防止误碰
2	整定错误，可能造成设备保护误动	2	严格按照设备定值变更单进行数据输入，严格复查，确保两人以上复核，并签字确认
3	电源盘漏电保护器失灵，可能造成人员触电	3	移动电源盘漏电保护开关动作可靠，检验合格证不过期

1.73 电气保护盘柜检修作业危险预知训练卡

作业任务	电气保护盘柜检修作业	作业类别	检修	作业岗位	电气检修工
资源准备	活动扳手、螺丝刀、开口扳手、验电笔、万用表、棉纱、胶皮	作业区域		电气保护盘柜检修	

作业任务描述	电气保护盘柜检修作业		
潜 在 的 危 险		**防 范 措 施**	
1	走错间隔，误碰带电设备，可能造成人员触电	1	工作前，对照工作票再次核对设备名称及编号，防止走错间隔。穿绝缘鞋；与带电的间隔保持安全距离
2	在带电的电压互感器二次回路上工作时，未做好安全措施，可能导致人身触电	2	使用绝缘工具，戴绝缘手套。必要时，工作前停用有关保护装置、自动装置，严格防止电压互感器二次侧短路或两点接地。严禁将电流互感器二次侧开路
3	工具使用不当，可能造成物体打击	3	工作前要准备好合适的工具，防止工具使用不方便造成人员伤害
4	检修过程中防护不到位，可能造成落物伤人	4	正确使用工具，佩戴防护手套或穿防砸鞋

1.74 直流系统盘柜检修作业危险预知训练卡

作业任务	直流系统盘柜检修作业	作业类别	检修	作业岗位	电气检修工
资源准备	电源盘、电笔、万用表	作业区域		直流间	

作业任务描述	直流系统盘柜检修作业		
潜 在 的 危 险		**防 范 措 施**	
1	工作中走错间隔，误动运行设备，可能造成人员触电	1	工作前，对照工作票再次核对设备名称及编号，防止走错间隔。穿绝缘鞋；与带电的间隔保持安全距离
2	工作前未进行验电，使用的电气工具漏电，可能造成人员触电	2	工作前验电，佩戴绝缘手套，移动电源盘漏电保护开关动作可靠，检验合格证不过期
3	交叉作业，作业人员误动带电设备，造成人员触电	3	对检修现场进行隔离，检修期间无关人员禁止入内

1.75 蓄电池检修作业危险预知训练卡

作业任务	蓄电池检修作业	作业类别	检修	作业岗位	电气检修工
资源准备	电源盘、电动风葫芦、毛刷、棉纱、防尘口罩	作业区域		蓄电池室	

作业任务描述	蓄电池检修作业

	潜 在 的 危 险		防 范 措 施
1	走错间隔，误碰带电设备，可能造成人员触电	1	工作前，对检修区域进行隔离，禁止无关人员靠近。核对设备名称及编号，防止走错间隔。穿绝缘鞋；与带电的间隔保持安全距离
2	工作前未进行验电，可能造成人员触电	2	工作前验电，佩戴绝缘手套，移动电源盘漏电保护开关动作可靠，检验合格证不过期。更换电瓶时应将整组电瓶退出运行，防止运行中拆卸电瓶接头
3	个人防护用品使用不当，导致人员吸入大量粉尘，可能造成作业人员肺部伤害	3	工作中正确佩戴防尘口罩
4	工具使用不当，可能造成物体打击	4	工作前要准备好合适的工具，防止工具使用不方便造成人员伤害

1.76 调度通信系统盘柜检修作业危险预知训练卡

作业任务	调度通信系统盘柜检修作业	作业类别	检修	作业岗位	电气检修工
资源准备	电源盘、电动风葫芦、毛刷、棉纱、防尘口罩	作业区域		调度通信系统盘柜处	

作业任务描述	调度通信系统盘柜检修作业

	潜 在 的 危 险		防 范 措 施
1	走错间隔,误碰带电设备,可能造成人员触电	1	工作前,对检修区域进行隔离,禁止无关人员靠近。核对设备名称及编号,防止走错间隔。穿绝缘鞋;与带电的间隔保持安全距离
2	工作前未进行验电,可能造成人员触电	2	工作前验电,移动电源盘漏电保护开关动作可靠,检验合格证不过期
3	个人防护用品使用不当,导致人员吸入大量粉尘,可能造成作业人员肺部伤害	3	工作中正确佩戴防尘口罩
4	工具使用不当,可造成物体打击	4	工作前要准备好合适的工具,防止工具使用不方便造成人员伤害

1.77 电缆桥架、沟道、夹层检修作业危险预知训练卡

作业任务	电缆桥架、沟道、夹层检修作业	作业类别	检修	作业岗位	电气检修工
资源准备	安全带、电源盘、电动风葫芦、防尘口罩、强光手电	作业区域		电缆桥架、沟道、夹层处	

作业任务描述	电缆桥架、沟道、夹层检修作业

	潜 在 的 危 险		防 范 措 施
1	走错间隔，误碰带电设备，可能造成人员触电	1	工作前必须详细核对电缆名称、标示牌是否与工作票所写的符合、与电缆走向图和电缆资料的名称是否一致。安全措施正确可靠后，方可开始工作
2	开启电缆井井盖未使用专用工具，可能导致井盖滑脱伤人	2	开启电缆井井盖、电缆沟盖板及电缆隧道人孔盖时应使用专用工具，同时注意放置位置，防止滑脱后伤人。开启后应做好防止交通事故的安全措施，设置标准路栏围起，有专人看守，并有明显标记；夜间施工人员应佩戴反光标志，施工地点应加挂警示灯，以防行人或车辆等误入。工作人员撤离电缆井或隧道后，应立即将井盖盖好
3	高处作业个人防护不到位，可能导致作业人员高处坠落	3	工作必须佩戴安全带，2人以上工作，加强监护，使用的工程车，外壳必须接地
4	电缆井内应通风检测，防止井内或隧道内的易燃易爆及有毒气体的含量超标，可能导致作业人员受伤害	4	在电缆井内、隧道内工作时，应执行有限空间作业的相关安全规定，落实防止高空落物等措施，电缆井口应有专人看守，通风设备应保持常开，以保证空气流通
5	电缆故障查找时，违章直接用手触摸电缆外皮或冒烟小洞，可能造成作业人员触电	5	电缆故障声测定点时，禁止直接用手触摸电缆外皮或冒烟小洞，以免触电。同时现场检查人员应穿绝缘靴，并注意防止跨步电压伤人

1.78 发电机封母微正压装置检查作业危险预知训练卡

作业任务	发电机封母微正压装置检查	作业类别	检修	作业岗位	电气检修工
资源准备	强光手电、万用表、钳子、螺丝刀	作业区域		发电机封母微正压装置区域	

作业任务描述	发电机封母微正压装置检查

	潜 在 的 危 险		防 范 措 施
1	走错间隔，误碰带电设备，可能造成人员触电	1	工作前，对检修区域进行隔离。核对设备名称及编号，防止走错间隔。穿绝缘鞋；与带电的间隔保持安全距离
2	工作前未进行验电，可能造成人员触电	2	穿绝缘鞋、戴绝缘手套；工作前对设备进行验电、断电，防止误碰带电设备
3	检修过程中防护不到位，可能造成落物伤人	3	正确佩戴安全帽；采取隔离措施；防止工器具掉落
4	地面有杂物和油渍，可能造成人员滑跌或绊倒受伤	4	拆下的部件要及时在旁边摆放整齐，有油渍时及时清扫

1.79 发电机抽（穿）转子作业危险预知训练卡

作业任务	发电机抽（穿）转子	作业类别	检修	作业岗位	电气检修工、汽机检修工、起重工、行车司机
资源准备	抽转子专用工具，吊具、索具、专用吊带，框式水平仪、手电筒、电动倒链、手拉葫芦	作业区域		汽机房运转层	

作业任务描述	将发电机转子从定子膛抽出，吊至专用支架上 （将发电机转子穿至定子膛中）

	潜 在 的 危 险		防 范 措 施
1	行车或专用吊带失效，导致重物掉落，可能造成人员砸伤	1	司索工、起重指挥、行车司机必须持证上岗；检查确认行车的抱闸、限位、保护可靠，检查吊具、索具合格；作业区域设置隔离，专人看管，禁止非工作人员入内；行车移动时，行车司机必须打铃。吊物吊起前禁止行车移位。吊物脱离接触面后应检查吊点重心、确保吊物平衡，确认吊物扎牢后再继续起吊或平移
2	临时电源盘绝缘破损，电动工器具绝缘损坏，可能导致作业人员触电伤害	2	检查用电设备、临时电源盘在检验合格期内，漏电保护器完好，线缆无破损
3	索具受力时松开卡环，可能导致人员受到物体打击伤害	3	严禁在索具、吊具受力时拆卸卡环
4	物体打击电动倒链、手拉葫芦，吊索吊具平拉过程中失效，可能导致人员受到伤害	4	使用前检查电动倒链、手拉葫芦在检验合格期内，电动葫芦、手拉葫芦、吊索吊具外观良好，严禁超荷载使用
5	发电机两端端盖等设备拆卸、吊离后存在孔洞，可能会导致高空坠落伤害	5	检修前发电机两端与平台空隙搭设脚手架板，脚手架搭设经验收合格后使用。工作人员佩戴好安全带，确保高挂低用防止人员从缝隙中高空坠落

1.80 发电机定子试验作业危险预知训练卡

作业任务	发电机定子检修	作业类别	检修	作业岗位	电气检修工
资源准备	专用试验仪器、临时电源盘		作业区域		汽机房发电机运行层

作业任务描述	发电机交直流耐压等定子试验

	潜 在 的 危 险		防 范 措 施
1	临时电源、试验设备漏电，导致试验人员伤害、试验后未及时降压放电造成人身触电	1	将试验区域进行隔离，禁止无关人员靠近。与带电的间隔保持足够的相应电压等级的安全距离，穿绝缘鞋戴绝缘手套。检查试验设备在检验合格期内，电源盘应配置漏电保护器，线缆无破损。试验人员操作时应戴绝缘手套。试验完成应及时降压停电、放电后拆除短接线。试验后对试品充分放电，不得先拆除地线，确认试品无剩余电荷后方可清理现场
2	未及时从定子内撤离的检修人员及遗留在定子内的工器具可能发生人员触电及设备放电的危害	2	进入定子内部应登记，外部应设置专职监护人，随时与内部人员联系。工作结束前必须清点人数及工器具
3	照明不足，可能引起人身伤害	3	在定子内部装设防爆型照明灯，保证照明充足
4	定子预防性试验，误入带电间隔或试品未完全放电可能导致人员触电	4	试验现场监护和装设围栏。操作人员应站在绝缘垫上。确认接线无误，各接地点可靠接地。确定试验电源电压等级及试验设备容量选择。使用有明显断开点的刀闸。试验设备金属外壳可靠接地。加压前确定试验接线、表计倍率、量程、调压器零位及仪表初始状态正确。变更接线时先断开电源、放电，将高压输出接地。测量绝缘前后必须将试品放电
5	厂房内高分贝的噪声导致人员听力伤害	5	进入厂房佩戴个人防护耳塞。尽量减少厂房内逗留时间

1.81 发电机转子试验作业危险预知训练卡

作业任务	发电机转子试验	作业类别	检修	作业岗位	电气检修工
资源准备	专用试验仪器、临时电源盘		作业区域		汽机房发电机运行层

作业任务描述	滑环绝缘、转子直阻等试验

	潜 在 的 危 险		防 范 措 施
1	临时电源触电、试验设备漏电，可能导致试验人员伤害、试验后未及时降压放电可能造成人身触电	1	将试验区域进行隔离，禁止无关人员靠近。与带电的间隔保持安全距离，穿绝缘鞋戴绝缘手套。检查试验设备在检验合格期内，电源盘应配置漏电保护器，线缆无破损，试验人员操作时应戴绝缘手套。试验完成及时降压停电、放电后拆除短接线。试验后对试品充分放电，不得先拆除地线，确认试品无剩余电荷后方可清理现场
2	转子预防性试验，误入带电间隔或试品未完全放电可能导致人员触电	2	试验现场监护和装设围栏。操作人员应站在绝缘垫上。确认接线无误，各接地点可靠接地。确定试验电源电压等级及试验设备容量选择正确。使用有明显断开点的刀闸。试验设备金属外壳可靠接地。加压前确定试验接线、表计倍率、量程、调压器零位及仪表初始状态正确。变更接线时先断开电源、放电，将高压输出接地。测量绝缘前后必须将试品放电
3	高分贝的噪声可能导致人员听力伤害	3	进入厂房佩戴个人防护耳塞。减少厂房内逗留时间

1.82 发电机冷却器检修作业危险预知训练卡

作业任务	发电机冷却器检修	作业类别	检修	作业岗位	电气检修工
资源准备	高压冲洗机、剪刀、钢丝刷、扳手、螺丝刀	作业区域		检修车间区域	

作业任务描述	发电机冷却器检修

潜 在 的 危 险		防 范 措 施	
1	行车或吊索吊具失效，造成重物掉落，可能导致人员砸伤	1	司索工、起重指挥、行车司机必须持证上岗；检查确认行车的抱闸、限位、保护可靠，检查吊具、索具合格；作业区域设置隔离，专人看管，禁止非工作人员入内；行车移动时，行车司机必须打铃。吊物吊起前禁止行车移位。吊物脱离接触面后应检查吊点重心，确保吊物平衡、确认吊物扎牢后再继续起吊或平移
2	搬运沉重的零部件可能导致人员受到机械伤害	2	佩戴防护手套及穿劳保防砸鞋。工前会开展搬运方法的安全交底。检查运输工具的完好性。叉车司机、起重工、行车司机持证上岗
3	高处作业时落物可能导致人员砸伤	3	高空与地面传递物品时应使用结实的绳索绑扎牢固后传递，不得直接抛掷。使用的工具和拆下的零部件、螺栓应放在安全牢固的地方
4	水压试验设备和高压清洗机产生的高压水可能导致人员伤害	4	开工前检查水压试验设备和高压清洗机的各部件外观良好，按照操作要求调整清洗机压力

1.83　油浸式变压器检修作业危险预知训练卡

作业任务	主变压器检修	作业类别	检修	作业岗位	电气检修工、起重工
资源准备	工程车、扳手、螺丝刀、绝缘鞋、防尘口罩、清洗试剂、吸尘器、电源盘	作业区域		主变压器区域	

作业任务描述	主变压器本体及附件检修

	潜　在　的　危　险		防　范　措　施
1	作业人员走错间隔、触碰感应电，临时电源漏电、都可能导致人身触电	1	核查设备名称及编号，防止走错间隔。用安全围挡或硬质栏杆与带电区域实施隔离措施，并对内挂"带电区域，禁止穿越"警示牌。与带电的间隔保持安全距离，穿绝缘鞋、戴绝缘手套。检查电动工器具在检验合格期内，电源盘应配置漏电保护器，线缆无破损，人员操作时应戴绝缘手套
2	高处作业时，可能导致人员高处坠落；工器具及零部件使用不当，导致高处落物，可能会使人员被砸伤	2	开工前对脚手架进行检查，确保合格，佩戴好合格的安全带，并高挂低用。高空与地面传递物品时应使用结实的绳索绑扎牢固后传递，不得直接抛掷。使用的工具和拆下的零部件、螺栓应放在安全牢固的地方
3	擦拭瓷瓶时产生扬尘，长期接触可能导致作业人员肺部疾病	3	应正确佩戴统一发放的防尘口罩
4	清扫瓷瓶时使用化学试剂，可能溅入眼睛内或手长时间接触，会造成作业人员伤害	4	擦拭清扫过程中应戴护目镜、手套
5	吊车、吊索、吊具失效，导致重物掉落，可能造成人员砸伤	5	司索工、起重指挥、吊车司机必须持证上岗；检查确认吊车的抱闸、限位保护可靠，检查吊具、索具外观无缺陷；作业区域设置隔离，专人看管，禁止非工作人员入内；吊物脱离接触面后确认吊点重心、确保吊物平衡、确认吊物扎牢后再继续起吊或平移
6	变压器内部动火作业，防火措施不到位，可能导致火灾的发生	6	变压器内检查不得使用明火，进入变压器内部前工作人员身上物品要全部取出登记
7	变压器内部工作由于通风不良，可能导致人员窒息	7	对变压器内部进行通风，测量氧量合格后进入工作，门口设置明显警示标志，设专人监护，定时联系确保人员安全

1.84　油浸式变压器试验作业危险预知训练卡

作业任务	主变压器试验	作业类别	发电机大修	作业岗位	电气试验
资源准备	试验仪器、临时电源盘		作业区域		主变压器区域

作业任务描述	主变压器绝缘、耐压、直阻等试验

	潜 在 的 危 险		防 范 措 施
1	走错间隔、临时电源、试验设备漏电，造成人身触电	1	确认系统停电，工作票安措落实到位。核查设备名称及编号，防止走错间隔。用安全围挡或硬质栏杆与带电区域实施隔离措施，并对内挂"带电区域，禁止穿越"警示牌。与带电的间隔保持安全距离，穿绝缘鞋戴绝缘手套。检查试验设备在检验合格期内，电源盘应配置漏电保护器，线缆无破损，试验人员操作时应戴绝缘手套
2	高处作业时，可能导致人员高处坠落	2	开工前对脚手架检查，确保合格，佩戴好合格安全带，并高挂低用
3	脚手架上作业时，工器具未固定导致高处落物伤人	3	试验过程中，高空与地面传递物品时应使用结实的绳索绑扎牢固后传递不得直接抛掷，若工作点下方存在交叉作业应提前告知
4	做变压器预防性试验、误入带电间隔或试品未完全放电可能导致人员触电	4	试验现场监护和装设围栏，将试验区域进行隔离，禁止无关人员靠近。操作人员应站在绝缘垫上。检查确认接线无误，各接地点可靠接地。确定试验电源电压等级及试验设备容量选择。使用有明显断开点的刀闸。试验设备金属外壳可靠接地。加压前确定试验接线、表计倍率、量程、调压器零位及仪表初始状态正确。变更接线时先断开电源、放电，将高压输出接地。测量绝缘前后必须将试品放电

1.85 厂用电母线清扫作业危险预知训练卡

作业任务	厂用电母线清扫	作业类别	检修	作业岗位	电气检修工
资源准备	绝缘鞋、防尘口罩、清洗试剂、吸尘器、电源盘	作业区域		厂用配电室	

作业任务描述	厂用电母线停电清扫卫生

	潜 在 的 危 险		防 范 措 施
1	临时电源漏电，造成人员触电	1	检查吸尘器、电源盘在检验合格期内，漏电保护器完好，线缆无破损
2	误碰带电设备，造成人员触电	2	穿绝缘鞋；与带电的间隔保持安全距离。同一间隔有设备带电时，应装设绝缘隔板
3	粉尘可能会造成肺部疾病	3	佩戴统一发放的防尘口罩
4	清扫试剂可能会对人体造成伤害	4	擦拭过程中戴护目镜、统一发放的口罩、手套
5	梯子使用不当，导致人员摔伤	5	有人员在梯子上工作时，应有专人扶梯、监护。梯子角度应小于60°，梯子脚底应有防滑措施

1.86　发变组高压开关清扫作业危险预知训练卡

作业任务	发变组出口开关清扫	作业类别	检修	作业岗位	电气检修工
资源准备	脚手架、绝缘鞋、工程车、防尘口罩		作业区域	升压站	

作业任务描述	发变组出口六氟化硫开关清扫

	潜 在 的 危 险		防 范 措 施
1	脚手架不符合要求，可能造成人员触电	1	脚手架应使用木质，并在踏板上满铺绝缘胶垫。脚手架距离带电线路应超过安规中规定的安全工作距离。作业前检查脚手架合格
2	误碰带电设备，可能造成人员触电	2	核查设备名称及编号，防止走错间隔。穿绝缘鞋。与带电的间隔保持安全距离
3	使用工程车时，安全距离不足，可能造成人员触电	3	工程车外廓与带电部分保持相应电压等级的安全距离，车辆外壳应可靠接地
4	高处作业可能造成人员坠落	4	使用合格的双挂钩安全带，应高挂低用。使用工程车时，应对工程车升降、制动装置进行检查，确认支腿支好，操作平台护栏完好
5	清扫试剂可能会对人体造成伤害	5	擦拭过程中戴统一发放的护目镜、口罩、手套

1.87　燃料斗轮机作业危险预知训练卡

作业任务	斗轮机作业	作业类别	运行操作	作业岗位	运行值班员
资源准备	安全帽、防护手套、防砸鞋、工作服、反光背心、对讲机		作业区域	斗轮机区域	

作业任务描述	斗轮机作业

潜在的危险		防范措施	
1	斗轮机大车轨道周围有人或杂物，可能造成人身伤害或大车脱轨	1	检查周围环境无人及大车轨道无杂物后方可操作
2	粉尘超标可能造成肺部疾病	2	正确佩戴统一发放的防尘口罩
3	上下斗轮机时通道湿滑，栏杆不牢固或缺失，可能造成人身伤害	3	上下楼梯时扶住扶手。遇到雨、雪天气，在易滑倒的通道铺设防滑物品。检查栏杆牢固
4	值班员在清理斗轮头杂物时可能造成人员摔伤	4	降低斗轮头高度，平稳放到煤堆上。清理时，值班员注意脚下不要踩空、绊倒，必须有专人监护
5	作业时不了解掺烧方式，掌握不好负荷大小可能使掺烧数据超标	5	作业前及时了解掺烧方式，根据煤调命令掌握斗轮机负荷
6	不认真监盘，不能及时发现异常情况，可能造成设备损坏	6	运行期间监护人做好巡回检查，操作人做好数据监护，发现异常及时停运处置
7	夜间照明不足，可能造成人身伤害	7	及时更换现场灯具，保证现场亮度
8	和推煤机交叉作业时未能保持安全距离，可能发生事故	8	斗轮机和推煤机交叉作业时，应保持3.5m的安全距离

1.88 翻车机翻车作业危险预知训练卡

作业任务	翻车机翻车作业	作业类别	运行操作	作业岗位	运行值班员
资源准备	安全帽、防护手套、防砸鞋、工作服、反光背心、对讲机	作业区域		翻车机区域	

作业任务描述		翻车机翻车作业	
潜在的危险		**防范措施**	
1	操作区域环境周围有无关人员，可能造成人身伤害	1	检查周围环境无人后方可操作
2	粉尘超标可能造成肺部疾病	2	投入干雾抑尘装置控制粉尘浓度。正确佩戴统一发放的防尘口罩
3	失去监护，不能及时发现危险，可能造成人身伤害或设备损坏	3	必须设置专人监护，发现危险及时处理
4	监护人员在检查空车时上下车辆，可能造成人员摔伤	4	监护人员在检查车辆时，查看车辆停稳，上车时要抓紧栏杆，注意脚下不要踩空
5	清理空车人员在清理车辆时，沿着车帮跨越车辆，可能造成人员摔伤	5	跨越车辆时必须经通行桥跨越，禁止沿车帮跨越车辆。监护人员发现后及时制止
6	车辆进迁车台未停稳，迁车台就牵向空车线，可能造成车辆脱轨	6	禁止强行牵车，监护人员发现车辆未停稳不能发出牵车信号
7	车辆进迁车台未停稳，监护人员就提钩，可能造成人身伤害	7	监护人员在车辆停稳后方可提钩

1.89　清理卸煤沟篷煤作业危险预知训练卡

作业任务	清理卸煤沟篷煤作业	作业类别	运行操作	作业岗位	运行值班员
资源准备	安全帽、防护手套、防砸鞋、工作服、防尘口罩、反光背心、对讲机、手电筒、清理工具	作业区域		卸煤沟区域	

作业任务描述	清理卸煤沟篷煤作业

	潜 在 的 危 险		防 范 措 施
1	操作区域环境周围有无关人员，可能造成人身伤害	1	检查周围环境无人后方可操作
2	粉尘超标可能造成肺部疾病	2	正确佩戴统一发放的防尘口罩
3	失去监护，不能及时发现危险，可能造成人身伤害或设备损坏	3	必须设置专人监护，发现危险及时处理
4	清理人员在箅子上清理作业时，可能造成人员摔伤	4	清理人员在上下清理箅子时，注意脚下不要踩空
5	胸口正对捅煤工具或人员之间未保持一定安全距离，可能造成人身伤害	5	应斜向使用工具，人员之间的距离应大于使用工具的挥动半径
6	清理人员进入除大块机内操作时动作不准确，容易造成人身伤害	6	进入机内操作时，脚下应站好，身体蹲到轴上，动作缓慢操作
7	夜间照明不足，可能造成人身伤害	7	及时更换现场灯具，保证现场亮度

1.90 清理输煤系统落煤管作业危险预知训练卡

作业任务	清理落煤管作业	作业类别	运行操作	作业岗位	运行值班员
资源准备	安全帽、防护手套、防砸鞋、工作服、反光背心、对讲机、清理工具	作业区域		输煤系统区域	

作业任务描述	清理落煤管作业

	潜 在 的 危 险		防 范 措 施
1	操作前未采取"停电"、拉"拉绳开关"等安全措施,可能造成人身伤害	1	清理落煤管前必须采取"停电"、拉"拉绳开关"等安全措施方可操作
2	粉尘超标,可能造成肺部疾病	2	正确佩戴统一发放的防尘口罩
3	失去监护,不能及时发现危险可能造成人身伤害或设备损坏	3	清理落煤管必须派专人监护,发现危险及时处理
4	清理人员在上下清理平台时,可能造成人员摔伤	4	清理人员在上下清理平台时必须抓紧栏杆,注意脚下不要踩空,高空作业必须正确佩戴安全带
5	使用有断裂缺口、弯曲严重等缺陷的清理工具,可能造成人身伤害	5	清理人员在清理前必须检查清理工具没有可能造成人身伤害的缺陷,方可使用
6	夜间照明不足,可能造成人身伤害	6	夜间清理作业时应使用安全行灯,并携带照明手电
7	操作前未和程控员取得联系私自作业,可能造成人身伤害	7	操作前必须和程控人员取得联系并征得许可,做好安措后方可作业

1.91 输煤皮带启动作业危险预知训练卡

作业任务	输煤皮带启动作业	作业类别	运行操作	作业岗位	运行值班员
资源准备	安全帽、防护手套、防砸鞋、工作服、反光背心、对讲机、现场广播	作业区域		输煤程控室	

作业任务描述	输煤皮带启动作业

潜 在 的 危 险		防 范 措 施	
1	无操作资格人员操作设备，可能造成设备损坏或人身伤害	1	具备操作资格的当班人员方可操作设备
2	启动前不清楚运行方式和掺烧数据，造成环保超标	2	及时了解掺烧方式和掺烧区域，避免环保数据超标
3	启动前不了解设备运行、检修状况，可能造成设备损坏或人身伤害	3	启动前对运行设备和备用设备的检修情况和缺陷情况进行确认
4	启动前未和现场值班员沟通就启动设备，可能造成人身伤害	4	启动前联系现场值班员，确认具体条件，方可启动
5	不认真监盘，不能及时发现异常，可能造成设备损坏或人身伤害	5	认真监护，不做与工作无关的事情，发现异常及时停运设备
6	设备启动时未按照调度命令选择流程启动，容易造成人身伤害	6	设备启动时必须按照调度命令选择流程，按照响"警示铃""喇叭广播"，启动程序

1.92 燃料除大块清理作业危险预知训练卡

作业任务	除大块清理作业	作业类别	运行操作	作业岗位	运行值班员
资源准备	安全帽、防护手套、防砸鞋、工作服、反光背心、对讲机、手电筒、1.5m捣煤棍	作业区域		3号皮带头部	

作业任务描述	除大块清理作业

	潜 在 的 危 险		防 范 措 施
1	操作区域周围有无关人员，可能造成人身伤害	1	检查周围环境无人后方可操作
2	粉尘超标可能造成肺部疾病	2	正确佩戴统一发放的防尘口罩
3	失去监护，不能及时发现危险，可能造成人身伤害或设备损坏	3	必须设置专人监护，发现危险及时处理
4	清理人员在上下除大块机清理平台时，可能造成人员摔伤	4	清理人员在上下清理平台时，注意脚下不要踩空、绊倒
5	操作前未和程控员取得联系私自作业，可能造成人身伤害	5	操作前必须和程控人员取得联系并征得同意，做好安措后方可作业
6	清理人员进入除大块机内清理，可能造成人身伤害	6	不允许进入除大块机内进行清理作业
7	夜间照明不足，可能造成人身伤害	7	清理作业时应使用安全行灯，并携带照明手电

1.93 燃料推煤机、装载机作业危险预知训练卡

作业任务	推煤机、装载机作业	作业类别	运行操作	作业岗位	运行值班员
资源准备	安全帽、防护手套、防砸鞋、工作服、反光背心、对讲机、防尘口罩		作业区域	煤场区域	

作业任务描述	推煤机、装载机作业

潜 在 的 危 险		防 范 措 施	
1	操作区域周围有无关人员，可能造成人身伤害	1	检查周围环境无人后方可操作
2	粉尘超标可能造成肺部疾病	2	正确佩戴统一发放的防尘口罩
3	失去监护，不能及时发现危险可能造成人身伤害或设备损坏	3	必须设置专人监护，发现危险及时处理
4	作业前未检查柴油、水、机油、照明及电路和刹车，可能造成机械损坏	4	作业前必须及时检查柴油、水、机油是否充足，照明及电路和刹车是否完好
5	上下车辆时，可能造成人身摔伤	5	上下车辆时应抓好扶手，注意脚下不要踩空
6	在煤堆上作业时不注意和边缘保持安全距离，可能造成车辆侧翻	6	在煤堆上作业时，应和煤堆边缘保持2.5m的安全距离
7	夜间照明不足，可能造成人身伤害和车辆损坏	7	监护人员应做好车辆和周围环境检查，确认照明良好
8	在煤堆上和斗轮机交叉作业时，不注意和斗轮机保持一定距离，可能造成事故发生	8	在煤堆上和斗轮机交叉作业时，应和斗轮机保持5m的安全距离

1.94 燃料皮带机衬板、导流板、落煤管补焊作业危险预知训练卡

作业任务	燃料皮带机衬板、导流板、落煤管补焊	作业类别	检修	作业岗位	燃料检修工
资源准备	防尘口罩、电焊机、氧气、乙炔、倒链、索具、安全带、防爆照明	作业区域		燃料皮带区域	

作业任务描述	燃料皮带机衬板、导流板、落煤管补焊

	潜 在 的 危 险		防 范 措 施
1	粉尘超标，可能造成肺部疾病	1	正确佩戴统一发放的防尘口罩
2	补焊钢板脱落，可能造成人员伤害	2	应穿防护鞋。使用前检查手拉葫芦、吊具索具外观良好；吊物脱离接触面后应检查吊点重心，确保吊物平衡，确认吊物扎牢后再继续起吊或平移；吊装物下部禁止站人
3	导料槽、落煤管内光线昏暗，可能造成伤害	3	使用充足防爆照明灯具
4	空间狭窄、密闭，可能造成挤、碰伤或窒息等伤害	4	安排专人进行监护。尽可能避免进入落煤管及导料槽内部工作，必要时应随时与内部人员联系。工作结束必须清点人数，工器具
5	使用的临时电源漏电，可能造成触电	5	临时照明应使用低压安全行灯。电气设备漏电保护器完好。检查电源线绝缘完好
6	切割、焊接作业措施不当，可能引起火灾	6	清除现场易燃易爆物品，放置充足的灭火器
7	高空作业踏空，可能造成人员跌落	7	使用合格的脚手架。正确使用双扣安全带

1.95 燃料皮带机挡煤皮更换作业危险预知训练卡

作业任务	燃料皮带机挡煤皮更换	作业类别	检修	作业岗位	燃料检修工
资源准备	防尘口罩、防爆照明、挡煤皮、手锤、撬棍	作业区域		燃料皮带区域	

作业任务描述	燃料皮带机挡煤皮更换

潜 在 的 危 险		防 范 措 施	
1	粉尘超标，可能造成肺部疾病	1	正确佩戴统一发放的防尘口罩
2	挡煤皮夹具脱落，可能造成人员受伤	2	应穿防护鞋。夹具销子压紧后方可松开。压紧过程中不能用力过猛防止销子回弹脱落
3	挡煤皮制作过程中使用刃具不当，可能造成人员受伤	3	正确使用劳保手套及刃具。裁割挡煤皮时避免用力过猛
4	空间狭窄，多人协作，配合不当，可能造成挤、压、碰伤等伤害	4	工作负责人做好人员分工，协同作业

1.96 燃料皮带机托辊更换作业危险预知训练卡

作业任务	燃料皮带机托辊更换	作业类别	检修	作业岗位	燃料检修工
资源准备	防尘口罩、托辊、撬棍、手锤	作业区域		燃料皮带区域	

作业任务描述	燃料皮带机托辊更换

	潜 在 的 危 险		防 范 措 施
1	粉尘超标，可能造成肺部疾病	1	正确佩戴统一发放的防尘口罩
2	托辊脱落，可能造成人员受伤	2	应穿防护鞋。确保托辊轴头与卡槽固定可靠
3	撬棍滑脱，可能造成伤害	3	应使用木质撬棍，均匀用力
4	托辊安装空间狭窄，可能造成挤伤、碰伤等伤害	4	翘起胶带良好固定，方可开始工作

1.97 燃料皮带机胶带更换作业危险预知训练卡

作业任务	燃料皮带机胶带更换	作业类别	检修	作业岗位	燃料检修工
资源准备	防尘口罩、电焊机、氧气、乙炔、吊索、索具、安全带、防爆照明	作业区域		燃料皮带区域	

作业任务描述	燃料皮带机胶带更换

	潜 在 的 危 险		防 范 措 施
1	粉尘超标，可能造成肺部疾病	1	正确佩戴统一发放的防尘口罩
2	拉紧重锤脱落，可能造成人员受伤	2	应穿防护鞋。使用前检查手拉葫芦、吊具索具外观良好；吊物脱离接触面后应检查吊点重心，确保吊物平衡，确认吊物扎牢后再继续起吊或平移；吊装物下部禁止站人
3	使用的临时电源漏电，可能造成触电	3	电气设备漏电保护器完好，电缘线绝缘完好，电动工具检验合格
4	使用刃具时操作不当，可能造成割伤	4	正确使用劳动保护用品。裁剥胶带时避免用力过猛
5	使用胶黏剂时，可能造成气体中毒	5	正确佩戴防毒口罩，禁止在密闭空间进行调制胶黏剂，加强现场通风

1.98 燃料转动设备联轴器找正作业危险预知训练卡

作业任务	燃料转动设备联轴器找正	作业类别	检修	作业岗位	燃料检修工
资源准备	防尘口罩、吊索、索具、扳手、手锤、撬棍	作业区域		燃料皮带区域	

作业任务描述	燃料转动设备联轴器找正

	潜 在 的 危 险		防 范 措 施
1	粉尘超标，可能造成肺部疾病	1	正确佩戴统一发放的防尘口罩
2	电动机脱落，可能造成人员受伤	2	应穿防护鞋。使用前检查手拉葫芦、吊具索具外观良好；吊物脱离接触面后应检查吊点重心，确保吊物平衡，确认吊物扎牢后再继续起吊或平移；吊装物下部禁止站人
3	调整垫片时，可能造成人员手指挤压受伤	3	调整垫片时，禁止将手指深入电动机底部及连轴承间隙内
4	紧固螺栓时，用力不当，可能造成人员机械伤害	4	紧固螺栓时防止用力过猛，扳手松脱

1.99　燃料采样头检修作业危险预知训练卡

作业任务	燃料采样头检修	作业类别	检修	作业岗位	燃料检修工
资源准备	防尘口罩、电焊机、氧气、乙炔、吊索、索具、安全带	作业区域		翻车机区域	

作业任务描述	燃料火车采样机采样头检修

	潜 在 的 危 险		防 范 措 施
1	粉尘超标，可能造成肺部疾病	1	正确佩戴统一发放的防尘口罩
2	切割、焊接作业措施不当，可能引起火灾	2	清除现场易燃易爆物品；现场放置充足的灭火器
3	高空作业人员踏空跌落，可能造成人员受伤	3	使用合格的脚手架，正确使用双扣安全带
4	检修作业中采样螺旋体脱落，可能造成机械伤害	4	按照正确的工序拆装设备。设备要进行可靠固定

1.100 采样班火车人工采样作业危险预知训练卡

作业任务	火车煤人工采样	作业类别	运行操作	作业岗位	采样值班员
资源准备	防尘口罩、安全帽、反光背心、铁锹		作业区域	翻车机	

作业任务描述	火车煤人工采样

	潜 在 的 危 险		防 范 措 施
1	爬车采样时，机车移动，可能造成人员伤害	1	机车停稳后，方可上车采样
2	煤粉超标，可能造成肺部疾病	2	正确佩戴统一发放的防尘口罩
3	上下火车时，可能发生高空坠落	3	上下火车时，应抓稳抓牢，并有专人监护
4	采样过程中上下抛掷采样工具，可能造成人员伤害	4	严禁上下抛掷采样工具

1.101 机械采样破碎机清理作业危险预知训练卡

作业任务	汽车采样破碎机堵煤清理	作业类别	运行操作	作业岗位	采样值班员
资源准备	防尘口罩、捅煤工具		作业区域		汽车采样机

作业任务描述		汽车采样破碎机堵煤清理	
潜 在 的 危 险		**防 范 措 施**	
1	汽车采样破碎机未断电，可能造成人员机械伤害	1	进行清理前应停电，安排专人监护，防止机械伤害
2	粉尘超标，可能造成肺部疾病	2	正确佩戴统一发放的防尘口罩
3	用大锤敲击时，可能造成周边人员受伤	3	检查大锤锤头无松动，不得戴手套抡大锤。非操作人员应保持足够的安全距离
4	正对胸前使用捅煤工具，可能造成人员受伤	4	捅煤工具应斜向使用

1.102 采样班汽车煤人工采样作业危险预知训练卡

作业任务	汽车煤人工采样	作业类别	运行操作	作业岗位	采样值班员
资源准备	防尘口罩、安全帽，反光背心、铁锹	作业区域	煤场地沟		

作业任务描述		汽车煤人工采样	
潜 在 的 危 险		防 范 措 施	
1	车辆卸车，可能碰撞采样人员	1	采样人员要随时观察，与车辆保持一定的安全距离
2	粉尘超标，可能会造成肺部疾病	2	正确佩戴统一发放的防尘口罩
3	人工采样时与铲车推煤机交叉作业，可能造成人身伤害	3	铲车推煤机与采样区域保持安全距离，并设专人监护

1.103 除尘器灰斗、净气室作业危险预知训练卡

作业任务	除尘器灰斗、净气室内部检查、处理	作业类别	检修	作业岗位	除尘检修工
资源准备	临时电源线、防爆照明、受限空间进出登记表、防尘口罩、安全带、脚手架、电焊机、氧气瓶、乙炔瓶、防护眼镜、焊工服、绝缘鞋	作业区域		除尘器本体	

作业任务描述	对除尘器灰斗、净气室检查、处理等

	潜在的危险		防范措施
1	受限空间内作业，可能造成人员伤害	1	打开所有人孔门通风，检测氧量、有害气体含量合格。超过60℃不得进入。填写受限空间进出登记表，人孔门处应设置1名监护人，随时与内部人员联系。根据身体条件轮流休息。工作结束时必须清点人数
2	粉尘超标，可能造成肺部疾病	2	正确佩戴统一发放的防尘口罩
3	临时电源漏电，可能造成人员触电	3	应使用防爆照明，高挂固定。检查用电设备检验合格，漏电保护器完好，电源线绝缘完好，人孔门处的电源线应加橡皮绝缘垫
4	高处作业可能造成人员坠落	4	作业前检查脚手架合格。正确使用双扣安全带
5	切割、焊接作业可能造成眼部和身体灼伤	5	正确佩戴防护眼镜或专用面罩，穿防护服，穿绝缘鞋
6	切割、焊接作业措施不全，可能引发火灾	6	清除现场易燃易爆物品，配置充足的灭火器，使用接火盆、防火毯，安排专人看火监护。氧气、乙炔瓶应垂直牢固固定，距离不小于8m，距离明火不小于10m，减压器、压力表、橡胶管、乙炔瓶防回火阀完好，使用专用工具开启
7	交叉作业可能发生高空落物伤人	7	检查当日作业点上下部无其他工作
8	照明不足可能造成人员伤害	8	应布置充足照明并设置可靠监护

1.104　吸收塔搅拌器解体作业危险预知训练卡

作业任务	吸收塔搅拌器解体检修	作业类别	检修	作业岗位	脱硫检修工
资源准备	临时电源线、防爆照明、防毒口罩、安全带、脚手架、手拉倒链、钢丝绳	作业区域		吸收塔本体	

作业任务描述	吸收塔搅拌器解体检修

	潜 在 的 危 险		防 范 措 施
1	受限空间内作业可能造成人员中毒、碰伤等	1	打开所有人孔门充分通风，检测氧量、有害气体含量合格。填写受限空间进出登记表，人孔门处应设置1名监护人，随时与内部人员联系。根据身体条件轮流休息。工作结束必须清点人数
2	照明不足可能造成人员绊倒碰伤	2	布置充足照明并设置可靠监护
3	临时电源漏电可能造成人员触电	3	应使用防爆照明，高挂固定。检查用电设备检验合格，漏电保护器完好，电源线绝缘完好。人孔门处的电源线应加橡皮绝缘垫
4	高处作业可能造成人员坠落	4	作业前检查脚手架合格。正确使用双扣安全带
5	电动葫芦、吊具、索具失效或吊物捆扎不当，可能造成重物脱落、人员砸伤	5	使用前检查电动葫芦、手拉葫芦、吊具索具外观良好。对电动葫芦、手拉葫芦进行空试。重物吊起前禁止电动葫芦移位。吊物脱离接触面后应检查吊点重心，确保吊物平衡，确认吊物扎牢后再继续起吊或平移。禁止超载使用。吊装物下部、隔离区内禁止站人

1.105　阴、阳离子交换器内部检查作业危险预知训练卡

作业任务	阴、阳离子交换器内部检查	作业类别	检修	作业岗位	化学检修工
资源准备	扳手、手锤、行灯变压器、轴流风机、电动工具、急救用中和溶液、毛巾、胶皮、防腐用具	作业区域		化学水处理车间	

作业任务描述		阴、阳离子交换器内部检查	
潜在的危险			**防范措施**
1	高处作业可能造成人员高空坠落	1	确认操作平台牢固可靠。正确使用双扣安全带
2	受限空间内作业可能造成人员中暑、窒息等伤害	2	打开所有人孔门通风。检测氧量、有害气体含量合格。超过40℃不得进入。填写受限空间作业登记表，人孔门处设置1名监护人，随时与内部人员联系。根据身体条件轮流休息。工作结束必须清点人数
3	进酸、进碱门未可靠隔断，可能造成工作人员酸碱伤害	3	管道、阀门应设置可靠隔断，挂牌上锁。检修时间长或阀门关闭不严时，应加装堵板
4	电动工具使用不当或存在漏电位置，可能发生人身触电	4	行灯电压不得超过12V。临时电源必须由运行电气专业人员拆接，必须使用漏电保护器。检查电动工具外观良好、检测标识齐全，遵守安规对电动工具使用的要求
5	地面有积水或杂物，可能造成人员滑跌或绊倒摔伤	5	拆下的部件要及时在旁边摆放整齐。地面有积水、杂物及时清扫
6	现场未准备中和用溶液和清洗水，可能导致作业人员皮肤接触酸碱时无法及时清洗受到伤害	6	确认检修现场备好中和用溶液或清洗装置正常

1.106　化学水处理除碳器检修作业危险预知训练卡

作业任务	化学水处理除碳器检修	作业类别	检修	作业岗位	化学检修工
资源准备	扳手、手锤、电动工具		作业区域		化学水处理除碳器处

作业任务描述	化学水处理除碳器检修

	潜 在 的 危 险		防 范 措 施
1	用大锤敲击时，可能造成周边人员受伤	1	检查大锤锤头无松动，不得戴手套抡大锤。非操作人员应保持足够的安全距离
2	电动工具使用不当或存在漏电缺陷，可能发生人身触电	2	行灯电压不得超过12V。临时电源必须由电气专业人员拆接。必须使用漏电保护器。检查电动工具外观良好、检测标识齐全，遵守安规对电动工具的使用要求
3	受限空间内作业可能造成人员中暑、窒息等伤害	3	打开所有人孔门并架设通风设备通风。检测氧量、有害气体含量合格。超过40℃不得进入。应填写受限空间作业登记表，人孔门处应设置1名监护人，随时与内部人员联系。根据身体条件轮流休息。工作结束必须清点人数
4	地面有积水或杂物，可能造成人员滑跌或绊倒	4	拆下的部件要及时在旁边摆放整齐。地面有积水、杂物及时清扫

1.107 澄清池机械搅拌器检修作业危险预知训练卡

作业任务	澄清池机械搅拌器检修	作业类别	检修	作业岗位	化学检修工
资源准备	扳手、手锤、钢丝绳、手拉葫芦、卡环、撬杠、胶皮	作业区域		化学水处理澄清池	

作业任务描述	澄清池机械搅拌器检修

	潜 在 的 危 险		防 范 措 施
1	高处作业可能造成人员高空坠落	1	确认操作平台牢固可靠。使用合格的双挂钩安全带时应高挂低用
2	用大锤敲击时，可能造成周边人员受伤	2	检查大锤锤头无松动，不得戴手套抡大锤；非操作人员应保持足够的安全距离
3	防止转动的措施不到位导致轴系转动，可能产生机械伤害	3	确认搅拌机电机停电，并挂禁止操作警示牌，入口门、出口门关闭等措施落实到位
4	电动葫芦、吊具、索具失效或吊物捆扎不当，可能造成重物脱落、人员砸伤	4	使用前检查电动葫芦、手拉葫芦、吊具索具外观良好。对电动葫芦、手拉葫芦进行空试。重物吊起前禁止电动葫芦移位。吊物脱离接触面后应检查吊点重心，确保吊物平衡，确认吊物扎牢后再继续起吊或平移。禁止超载使用。吊装物下部、隔离区内禁止站人
5	地面有积水或杂物，可能造成人员滑跌或绊倒受伤	5	拆下的部件要及时在旁边摆放整齐，有漏水时及时清扫

1.108　卸酸碱作业危险预知训练卡

作业任务	卸酸碱操作	作业类别	运行操作	作业岗位	运行值班员
资源准备	防护服、安全帽、胶鞋、防酸碱手套、防护眼镜、对讲机、扳钩	作业区域		化学水处理酸碱罐区域	

作业任务描述	卸酸碱操作	

	潜 在 的 危 险		防 范 措 施
1	中和用溶液准备不足或安全淋浴器存在缺陷，可能造成作业人员皮肤接触酸碱时无法及时清洗造成伤害	1	操作前检查现场中和用溶液充足有效、安全淋浴出水正常
2	送酸碱人员操作不规范，可能造成人员化学灼伤、设备损坏、环境污染	2	危化品的生产、运输、储存人员应持证上岗，化学运行值班人员按规定向送酸碱人员进行安全交底，并现场监护操作
3	卸酸碱系统各管道阀门存在缺陷，可能造成酸碱泄漏	3	卸酸碱前应仔细检查酸碱储存系统各管道和阀门的严密性，各阀门开关位置正常
4	酸碱罐液位计显示不准，可能造成酸碱接卸时溢出	4	卸酸碱前应核对就地和DCS上液位显示一致，卸酸碱时控制液位不超过规定值
5	技术防范措施不到位，可能发生操作错误或人员伤害	5	严格执行卸酸碱操作票，非工作人员严禁进入操作区域
6	个人防护不当导致酸雾挥发被吸入，可能造成人员呼吸道损伤	6	检查酸雾吸收器运行正确。正确佩戴统一发放的口罩
7	卸酸现场照明不足，可能造成夜间操作时看不清发生危险	7	卸酸碱区域应设置充足的照明

1.109 酸碱计量箱进酸碱作业危险预知训练卡

作业任务	酸碱计量箱进酸碱操作	作业类别	运行操作	作业岗位	运行值班员
资源准备	防酸碱手套、板钩、胶鞋、对讲机		作业区域	化学水处理酸碱罐区域、酸碱计量间	

作业任务描述	酸碱计量箱进酸碱操作

潜 在 的 危 险		防 范 措 施	
1	中和用溶液准备不足或安全淋浴器存在缺陷，可能造成作业人员皮肤接触酸碱时无法及时清洗造成伤害	1	操作前检查现场中和用溶液充足有效，安全淋浴器出水正常
2	酸碱罐出口二次门泄漏，可能造成人员酸碱灼伤	2	操作人员戴橡胶手套缓慢开关阀门，发现有酸碱泄漏立即停止操作，关闭酸碱罐出酸碱一次门，联系检修检查处理
3	酸碱罐至酸碱计量箱管道泄漏，可能造成设备腐蚀，环境污染	3	及时排查治理酸碱系统安全隐患，检查管道（含管沟管道）有无泄漏
4	进酸碱门开关异常或液位保护失效，导致酸碱计量箱溢流，可能造成设备腐蚀，环境污染	4	专人监视酸碱计量箱液位，如达到保护液位进酸碱门未关闭，立即手动关闭进酸碱门或关闭酸碱罐出酸碱二次门
5	酸雾吸收器运行不正常，未开轴流风机排气，酸雾挥发被吸入，可能造成人员呼吸道灼伤	5	检查酸雾吸收器排水正常，打开酸碱计量间轴流风机排出酸雾。正确佩戴统一发放的口罩

1.110 储氢系统作业危险预知训练卡

作业任务	储氢系统倒换操作	作业类别	运行操作	作业岗位	运行值班员
资源准备	专用扳手、漏氢检测仪		作业区域		储氢库

作业任务描述		氢组架切换操作	
潜 在 的 危 险		防 范 措 施	
1	携带火种和手机进入氢库，可能引起火灾或爆炸	1	进入氢库人员必须登记，交出火种、手机，触摸静电球释放静电
2	人员着装不规范，产生火花或静电，可能引起火灾或爆炸	2	必须身着全棉材质工作服、橡胶底劳保鞋
3	未使用专用扳手，操作中出现火花，可能引起火灾或爆炸	3	必须使用铜质工具
4	氢组架切换过程中或切换后，存在气体泄漏，可能引发火灾或爆炸	4	使用漏氢检测仪检查确认管道及阀门无漏气现象，在线仪表投退正常，汇流排间排气扇运行正常

1.111 卸氢作业危险预知训练卡

作业任务	卸氢操作	作业类别	运行操作	作业岗位	运行值班员
资源准备	专用扳手、漏氢检测仪		作业区域		氢库

作业任务描述	氢库卸氢

	潜 在 的 危 险		防 范 措 施
1	未使用专用扳手，操作中出现火花，可能引起火灾或爆炸	1	进厂氢气验收检测时必须使用铜质工具
2	未进行漏氢检测，气体泄漏，可能引发火灾或爆炸	2	使用漏氢检测仪检查确认进厂氢组架管道及阀门无漏气现象
3	携带火种和手机进入氢库，可能引起火灾或爆炸	3	进入氢库人员交出火种、手机，触摸静电球释放静电
4	运输氢瓶车辆产生静电、尾气排放出现火花，可能引起火灾或爆炸	4	应对运输氢瓶车辆安装静电释放链和加装阻火器情况进行检查，不合格车辆禁止进入氢库区
5	运输氢气车辆违章，可能造成人员伤害	5	现场作业人员与运输氢车辆保持安全距离。运输氢车缓慢驶入氢库，按要求停放在指定位置
6	人员着装不规范，产生火花或静电，引起火灾或爆炸	6	人员必须身着全棉材质工作服，橡胶底劳保鞋。禁止穿鞋底带金属制品鞋类执行操作
7	氢气瓶装卸不规范，可能造成火灾爆炸或人员砸伤、碰伤	7	按照规范装卸氢气瓶，运行值班人员应做好安全交底并旁站监护

1.112 入炉煤制样作业危险预知训练卡

作业任务	入炉煤制样操作	作业类别	运行操作	作业岗位	运行值班员
资源准备	防护手套、专用防护口罩、护目镜、防尘头套、专用鞋	作业区域		入炉煤制样间	

作业任务描述	对采集到的入炉煤样进行制备

	潜 在 的 危 险		防 范 措 施
1	缺乏相关专业技术、安全知识，可能造成人身伤害、设备损坏	1	必须经过培训，考试合格取得上岗资格证后方可上岗作业
2	未正确佩戴、使用防护用品，可能造成人身伤害	2	正确佩戴、使用专用的防护用品
3	未按正确程序进行制样操作，可能造成人身伤害和设备、工器具损伤	3	制样前做好煤样和设备、工器具的检查。按规定程序进行制样操作
4	工作现场粉尘浓度过高，可能引发火灾或爆炸	4	保持良好的除尘和通风条件

1.113 配制腐蚀性药剂作业危险预知训练卡

作业任务	配制腐蚀性药剂	作业类别	运行操作	作业岗位	运行值班员
资源准备	耐酸碱橡胶手套、专用防护口罩、护目镜、防酸碱工作服	作业区域		水分析间	

作业任务描述	腐蚀性药剂的配制（液态盐酸、硝酸、硫酸、氢氧化钠等）

	潜 在 的 危 险		防 范 措 施
1	配制时速度过快或动作幅度过大使药品溅出，可能造成作业人员化学灼伤	1	配制时要轻拿轻放，将药品缓慢倒入溶剂内，并不停搅拌。戴橡胶手套、穿戴防酸碱工作服
2	未在通风柜内操作，通风不畅，药品挥发可能损害人员健康	2	应在通风柜内配制，开启通风装置。戴防护目镜、防护口罩
3	溶液配制程序错误，可能造成人员受伤	3	按照溶液配制程序操作
4	中和用溶液准备不足，可能造成作业人员皮肤接触有害溶液时无法及时清洗造成伤害	4	操作前检查现场中和用溶液充足有效

1.114 阳床中排更换作业危险预知训练卡

作业任务	阳床中排更换	作业类别	检修	作业岗位	化学检修工
资源准备	电动工具、活扳手、手灯、开口扳手、梅花扳手	作业区域		水处理间	

作业任务描述	阳床中排更换

	潜 在 的 危 险		防 范 措 施
1	使用电动工具不当或电线存在漏电缺陷，可能发生人身触电	1	电源必须使用漏电保护器，遵守安规对电动工具使用的要求，使用的电源线不允许有裸漏部分
2	空间狭窄，可能造成人员挤伤、压伤、碰伤等伤害	2	规范佩戴安全帽等防护用品。作业时，小心磕碰
3	工具使用不当，可能飞出伤人	3	正确使用工具，注意安全距离
4	高处作业可能造成人员坠落	4	作业前检查脚手架合格。正确使用双扣安全带

1.115 除碳风机滤网清理检修作业危险预知训练卡

作业任务	除碳风机滤网清理	作业类别	检修	作业岗位	化学检修工
资源准备	开口扳手、毛刷、撬杠		作业区域		水处理间

作业任务描述		除碳风机滤网清理	

	潜 在 的 危 险		防 范 措 施
1	工具使用不当，可能飞出伤人	1	正确使用工具，注意安全距离
2	高处作业可能造成人员坠落	2	作业前检查脚手架合格。正确使用双扣安全带
3	检修程序错误，可能造成设备损坏	3	按照检修规程规定程序解体检修

1.116 缓蚀剂搅拌器检修作业危险预知训练卡

作业任务	缓蚀剂搅拌器检修	作业类别	检修	作业岗位	化学检修工
资源准备	开口扳手、撬杠、锤		作业区域		化学加药间

作业任务描述	卸酸泵解体检修

	潜 在 的 危 险		防 范 措 施
1	安全措施落实不到位，电机开关没有停电，可能导致电机拆线时造成检修人员触电伤亡	1	做好停电措施，并在开工前认真核对
2	计量箱内残存余药，可能造成检修人员灼伤	2	关闭进出口阀门，挂锁。反复用清水冲洗干净
3	检修程序错误，可能造成人员受伤	3	按照检修规程规定程序作业
4	中和用溶液不足，可能造成作业人员皮肤接触有害溶液时无法及时清洗造成伤害	4	操作前确认已备好中和用溶液，清洗装置正常

1.117　澄清池侧排取样管更换作业危险预知训练卡

作业任务	澄清池侧排取样管更换	作业类别	检修	作业岗位	化学检修工
资源准备	梅花扳手、撬杠，开口扳手		作业区域	化学澄清池侧排取样管处	

作业任务描述	澄清池侧排取样管更换

	潜 在 的 危 险		防 范 措 施
1	隔离措施不完善，漏气可能造成人员灼伤	1	确认操作柜内气源的总门关闭，放净管道内部存水
2	工具使用不当，可能飞出伤人	2	正确使用工具，注意安全距离
3	设备标牌悬挂错误，可能造成人员误操作	3	进入现场检修，开工前，工作负责人与工作许可人一定要一同确认安全措施已正确执行

1.118　集电线路及风机巡视作业危险预知训练卡

作业任务	集电线路及风机巡视	作业类别	运维	作业岗位	运维工
资源准备	安全帽、绝缘鞋、反光背心、对讲机、安全衣、防坠器、助爬器、车辆	作业区域		风电场集电线路及风机设备区域	

作业任务描述	集电线路及风机巡视		

	潜 在 的 危 险		防 范 措 施
1	未检查车辆，可能造成交通事故	1	出车前检查车辆并填写检查卡，保证车辆状态良好
2	未检查并使用安全衣、防坠器，可能造成人员高空坠落	2	检查安全衣、防坠器完好，登塔时正确使用安全衣、防坠器，保证登塔人员人身安全
3	未关注天气情况，在雷雨天气进行巡视，可能造成雷击伤害	3	巡视风机前，关注天气预报情况，避开雷雨天气；如若巡视中遇见雷雨天气应停止工作，并立即撤离
4	巡视中，可能发生人员触电	4	根据带电设备等级，保持与该设备的安全距离

1.119 风机登高作业危险预知训练卡

作业任务	风机登塔检查	作业类别	运维	作业岗位	运维工
资源准备	安全帽、绝缘鞋、反光背心、对讲机、安全衣、防坠器、助爬器、车辆、逃生装置	作业区域		风机塔筒内	

作业任务描述	登塔巡视风机机舱设备作业

	潜 在 的 危 险		防 范 措 施
1	作业时一旦天气出现雷雨情况，可能因雷击造成人员伤害	1	作业时底部平台监护人员时刻关注天气状况，一旦出现雷雨天气，立即通知机舱作业人员撤离风机
2	登塔前，未确认风机已经停机，未将开关打到维护状态，可能会造成远程误操作，发生人身伤害	2	登塔前，确认风机已经停机，并将开关打到维护状态
3	未检查并使用安全衣、防坠器，可能造成人员高空坠落	3	检查安全衣、防坠器完好，登塔时正确使用安全衣、防坠器，保证登塔人员人身安全
4	两名作业人员在同一节塔筒内同时登塔，可能发生上方人员落物伤人	4	确认两名作业人员未在同一节塔筒内同时登塔
5	人员在机舱内工作时未携带逃生装置，发生火灾等异常时，无法及时疏散撤离，可能造成人员伤亡	5	登塔前确认携带逃生装置

1.120 光伏板清扫作业危险预知训练卡

作业任务	光伏板清扫作业	作业类别	运维	作业岗位	运维工
资源准备	操作平台、防尘口罩、安全带、燃油清洗水泵、清洗水带、水枪、救生衣、水上救援绳	作业区域		渔光互补光伏阵列	

作业任务描述	渔光互补光伏板清扫作业

	潜 在 的 危 险		防 范 措 施
1	冲洗过程中，操作平台不稳可能造成落水	1	确认操作平台牢固可靠。穿戴合格的救生衣，配备合格的水上救援绳
2	冲洗时的扬尘可能损害职业健康	2	正确佩戴统一发放的防尘口罩
3	燃油清洗水泵叶轮损坏，可能造成周边人员受伤	3	检查水泵机械封闭的完好性，防止机械伤人
4	燃油泄漏，可能造成水资源污染	4	做好工前检查，防止设备燃油泄漏，并放置防漏设施

1.121 光伏阵列巡视作业危险预知训练卡

作业任务	光伏阵列巡视	作业类别	运维	作业岗位	运维工
资源准备	红外测温仪、望远镜、绝缘手套、绝缘鞋、安全帽、反光背心	作业区域		渔光互补光伏阵列	

作业任务描述	巡视渔光互补光伏阵列及箱变、逆变运行情况		

	潜 在 的 危 险		防 范 措 施
1	在离近围堰边用望远镜巡视时，可能导致人员落水	1	不能进行与巡视光伏区无关的工作，围堰有冰雪时远离围堰边，注意防滑防跌
2	误碰带电设备，可能造成人员触电	2	与带电的设备保持安全距离
3	雷雨天气巡视光伏区箱变，可能造成感应电伤人	3	禁止雷雨天气进入光伏区巡视
4	箱变高压侧发生接地故障，或接触设备的外壳和构架时，可能造成感应电伤人	4	箱变高压侧发生接地故障检查时、接触设备的外壳和构架时，应穿绝缘靴、戴绝缘手套
5	进、出逆变室不锁门，人员误入可能触电受伤	5	进、出逆变室应随手锁门

1.122　风机主轴添加润滑剂作业危险预知训练卡

作业任务	风机主轴添加润滑油脂作业	作业类别	运维	作业岗位	运维工
资源准备	小活动扳手、防护手套、安全帽、安全衣、工作服、双钩、防坠锁扣、劳保包、一套开口扳手、应急灯、斜口钳、加油枪、润滑油脂	作业区域		机舱内平台	

作业任务描述	风机主轴添加润滑油脂作业

	潜　在　的　危　险		防　范　措　施
1	身体各部位碰撞金属部件，可能造成人身伤害	1	专人监护，及时提醒
2	夏季作业环境温度过高，可能造成人员中暑	2	避开高温时作业，随身携带防暑药品。感觉不适时，应休息或撤离工作现场
3	机舱逃生装置不可用，可能造成紧急情况下工作人员无法逃生	3	开始工作前，检查机舱逃生装置各部件状态良好
4	登塔过程中使用不合格的劳保用品，可能造成人员碰伤、坠落	4	使用前检查确认安全防护用品完好，并正确使用
5	交叉作业可能发生高空落物伤人	5	检查当日作业点上下部，确认无其他工作
6	现场灭火器不可用，发生火灾时无法及时扑救	6	检查灭火器在正常状态

1.123 检修风机发电机编码器作业危险预知训练卡

作业任务	检修风机发电机编码器	作业类别	检修	作业岗位	运维工
资源准备	安全帽、安全衣、防坠锁扣、防护手套、开口扳手、套筒扳手、螺丝刀、工具袋	作业区域		风机机舱内	

作业任务描述	检修风机发电机编码器

	潜在的危险		防范措施
1	登高没有防护措施，可能造成人员高空坠落	1	戴安全帽，穿安全衣，穿防滑靴，使用防坠锁扣，正确姿式攀爬
2	随身携带的工具掉落，可能造成设备损坏	2	工具放在专用工具袋中，并做好固定措施
3	编码器工作电源未断开，可能造成人员触电	3	工作前检查确认开关已断开，并悬挂"有人工作，禁止合闸"标识牌
4	高速轴连接器未刹车，拆下编码器时，转动中的发电机后轴可能造成人身伤害	4	锁定叶轮，并将"转子刹车"旋钮置"1"，并派专人检查确认
5	夏季塔筒内温度较高，可能造成人员中暑	5	避开高温时段作业，随身携带防暑药品。感觉不适时，应休息或撤离工作现场
6	现场灭火器不可用，发生火灾时无法及时扑救	6	检查灭火器在正常状态
7	机舱逃生装置不可用可能造成紧急情况下工作人员无法逃生	7	开始工作前，检查机舱逃生装置各部件状态良好

1.124　更换风速仪风向标作业危险预知训练卡

作业任务	风机风速仪更换	作业类别	检修	作业岗位	运维工
资源准备	小活动扳手、防护手套、安全帽、安全衣、工作服、双钩延长绳、防坠锁扣、工具包、一套开口扳手、应急灯	作业区域		机舱上平台	

作业任务描述	风机风速仪更换	

	潜在的危险		防范措施
1	在登塔过程中，可能造成人员坠落	1	确认安全防护用品完好，使用合格双扣安全带，高挂低用
2	出机舱作业过程中，可能造成人员坠落	2	专人监护，确认正确配戴双钩延长绳等安全防护工具
3	交叉作业可能发生高空落物伤人	3	检查当日作业点上下部，确认无其他工作。工具放在专用工具袋中，并做好固定措施
4	作业环境温度过高，可能造成中暑	4	避开高温时段作业，感觉不适时，应休息或撤离工作现场
5	现场灭火器不可用，发生火灾时无法及时扑救	5	检查灭火器在正常状态
6	机舱逃生装置不可用可能造成紧急情况下工作人员无法逃离	6	开始工作前，检查机舱逃生装置各部件状态良好

1.125 风机变频器转子侧驱动模块检修作业危险预知训练卡

作业任务	检修变频器转子侧驱动模块	作业类别	检修	作业岗位	运维工
资源准备	绝缘手套、绝缘鞋、验电器、螺丝刀、内六角扳手、开口扳手	作业区域		风机塔基处	

作业任务描述	检修变频器转子侧驱动模块

潜 在 的 危 险		防 范 措 施	
1	变频器电容、直流母排未充分放电，可能造成人员触电	1	工作前进行验电、接地放电措施
2	变频器并网柜断路器小车未摇到位，可能造成人员触电	2	确保小车摇到检修位置，并验电
3	变频器电容充电开关 KM2 未断开，可能造成人员触电	3	工作前，检查并确认 KM2 开关已断开
4	定子侧刀熔开关未拉开，可能造成人员触电	4	工作前确保刀熔开关拉开，并验电
5	塔基平台空间狭小，部分设备棱角分明，可能造成人员伤害	5	正确佩戴安全帽，穿防护服
6	驱动模块较重，放置位较高，可能造成人员砸伤	6	穿防砸鞋，安装时至少两人进行
7	夏季塔筒内温度较高，可能造成人员中暑	7	避开高温时段作业，随身携带防暑药品。感觉不适时，应休息或撤离工作现场

1.126 风机减速机检修作业危险预知训练卡

作业任务	风机减速机检修作业	作业类别	检修	作业岗位	运维工
资源准备	小活动扳手、防护手套、安全帽、安全衣、工作服、双钩、防坠锁扣、工具包、一套开口扳手、应急灯、一套螺丝批、力矩扳手、58件套、扎带、吊带、工具包、大活动扳手	作业区域		机舱内平台	

作业任务描述	风机减速机检修作业

	潜 在 的 危 险		防 范 措 施
1	身体各部位碰撞金属部件，可能造成人身伤害	1	正确穿戴好劳保用品，提高安全防护意识
2	使用提升机提偏航减速器时，可能造成落物伤人	2	使用合格的绳索可靠连接偏航减速器与提升挂钩，提升孔下严禁站人
3	搬运偏航减速器时可能砸伤人员	3	搬运人员穿防砸鞋，且必须由两人搬运
4	作业时塔筒内光线不佳，可能导致碰伤	4	保持塔筒照明，必要时使用安全灯
5	交叉作业可能发生高空落物伤人	5	检查当日作业点上下部，确认无其他工作
6	作业环境温度过高，可能造成中暑	6	避开高温时段作业，随身携带防暑药品，感觉不适时，应休息或撤离工作现场
7	现场灭火器不可用，发生火灾时无法及时扑救	7	检查灭火器在正常状态
8	机舱逃生装置不可用可能造成紧急情况下机舱工作人员无法逃生	8	开始工作前，检查机舱逃生装置各部件状态良好

1.127 风机定期试验作业危险预知训练卡

作业任务	风机定期试验	作业类别	运维	作业岗位	运维工
资源准备	安全帽、安全衣、防坠锁扣、工具袋、液压扳手、液压油管、液压站、护目镜、防护口罩、手套	作业区域		风机机舱内	

作业任务描述	风机定期试验

	潜 在 的 危 险		防 范 措 施
1	攀爬塔筒时可能造成高空坠落	1	正确使用攀爬用具，专人监护
2	检查风机各部件时可能造成碰伤	2	正确佩戴合格的安全帽，谨慎作业
3	清扫试剂可能造成人身伤害	3	使用统一发放的口罩、手套等防护用品
4	进入轮毂工作前未锁定叶轮可能造成人身伤害	4	进入轮毂工作前确认叶轮锁定装置已锁好
5	使用液压扳手紧固力矩时可能造成人身伤害	5	作业人员经培训合格，专人监护
6	进行端子排、二次回路检查时可能发生触电	6	检查确认已经断开相关设备电源
7	使用提升机提升工具时可能造成人身伤害	7	确保提升物品固定牢固，提升机下方50m内无车辆、人员
8	现场灭火器不可用，发生火灾时无法及时扑救	8	检查灭火器在正常状态
9	机舱逃生装置不可用可能造成紧急情况下工作人员无法逃生	9	开始工作前，检查机舱逃生装置各部件状态良好

1.128 天然气过滤分离器清理作业危险预知训练卡

作业任务	天然气调压站过滤分离器清理	作业类别	检修	作业岗位	燃机检修工
资源准备	废油桶、防尘口罩、防毒面具、护目镜、活动扳手、手套	作业区域		天然气调压站	

作业任务描述	天然气调压站过滤分离器废液清理

	潜 在 的 危 险		防 范 措 施
1	劳动防护用具使用不当，可能造成人员伤害	1	按规定正确佩戴劳动保护用品
2	有害气体浓度超标，可能造成人员中毒窒息	2	工作中要站在上风位置，佩戴调整好防尘口罩或防毒面具、护目镜
3	运送不当，可能造成废液泄漏污染环境	3	运送过程中做好防泄漏防护措施
4	操作错误引起废液泄漏，可能对人员造成伤害	4	应按照规定对阀门进行正确操作

1.129 燃机进气粗滤滤芯更换作业危险预知训练卡

作业任务	燃机进气粗滤滤芯更换	作业类别	检修	作业岗位	燃机检修工
资源准备	电动葫芦、活扳手、人字梯、防尘口罩、手套	作业区域		燃机11m平台	

作业任务描述	燃机进气粗滤滤芯更换		
潜 在 的 危 险		**防 范 措 施**	
1	电动葫芦未定检或存在缺陷，可能造成起重伤害	1	在使用前，确认电动葫芦检测、检验合格，方可使用
2	吊运滤芯时，可能造成吊物伤人	2	吊运滤芯时，用围栏隔离出安全范围。专人指挥，发现异常立即停止工作
3	人字梯使用不当，可能造成高空坠落	3	更换滤芯使用人字梯时，按规定操作并正确佩戴安全带。禁止使用不合格的人字梯
4	使用临时照明时，可能造成人员触电或火灾	4	应使用安全电压行灯进行照明

1.130 燃机压气机可调式静叶片（IGV）内部检查作业危险预知训练卡

作业任务	燃机压气机可调式静叶片（IGV）内部检查	作业类别	检修	作业岗位	燃机检修工
资源准备	撬杠、照明、活扳手、人字梯、防尘口罩、手套、鞋套、破布	作业区域		发电机北侧零米	

作业任务描述	燃机进气 IGV 内部检查	
潜 在 的 危 险		**防 范 措 施**
1	工器具使用不当，可能造成机械伤人	1	撬杠和活动的扳手使用前检查完好无损，按照规定正确使用
2	高处作业，可能造成人员高空坠落、摔伤	2	在清理过程中按照规定正确使用人字梯，正确佩戴合格的安全带
3	使用监时照明时，可能造成人员触电或火灾	3	应使用安全电压行灯进行照明
4	工作结束后遗留杂物，可能对设备造成损坏	4	IGV 内部清理检查完毕后认真检查各个部位杂物是否清理干净。确认无杂物后方可封闭人孔门

1.131　燃机扩散段热通道检查作业危险预知训练卡

作业任务	燃机扩散段热通道检查	作业类别	检修	作业岗位	燃机检修工
资源准备	撬杠、照明、活扳手、防尘口罩、手套	作业区域		1号主厂房东侧4.5m平台	

作业任务描述	燃机扩散段热通道检查	
潜在的危险		**防范措施**
1	工器具使用不当，可能造成机械伤人	1	撬杠和活动的扳手使用前检查完好无损，按照规定正确使用
2	有害气体浓度超标，可能造成人员中毒窒息	2	应进行通风，清除有毒有害气体，检测合格方可工作。有必要时佩戴口罩或防毒面具
3	使用监时照明时，可能造成人员触电或火灾	3	应使用安全电压行灯进行照明
4	工作结束后遗留杂物，可能对设备造成损坏	4	检查完毕后应确认无杂物后方可封闭人孔门

1.132　天然气过滤分离器滤芯更换作业危险预知训练卡

作业任务	天然气调压站过滤分离器滤芯更换	作业类别	检修	作业岗位	燃机检修工
资源准备	撬杠、手动葫芦、活扳手、防尘口罩、防毒面具、可燃气体检测仪、铜制扳手、手套	作业区域		天然气调压站	

作业任务描述		天然气调压站过滤分离器滤芯更换	
	潜 在 的 危 险		防 范 措 施
1	工器具使用不当，可能造成机械伤人	1	撬杠、活动的扳手和手动葫芦使用前检查完好无损，按照规定正确使用
2	有害气体浓度超标，可能造成人员中毒窒息	2	应进行通风，清除有毒有害气体，检测合格方可工作。有必要时佩戴口罩或防毒面具
3	工具使用错误，可能引起爆炸，造成人员炸伤或烧伤	3	拆装螺栓时要使用定制的铜制扳手进行操作。避免产生火花造成爆炸
4	工作结束后遗留杂物，可能对设备造成损坏	4	拆除设备出现的孔洞应进行遮盖。更换滤芯时，应确认无杂物遗漏

1.133　燃机压气机进气挡板检修作业危险预知训练卡

作业任务	燃机压气机进气挡板检修	作业类别	检修	作业岗位	燃机检修工
资源准备	梅花扳手一套、防尘口罩、护目镜、活动扳手、手套		作业区域	燃机北侧 IGV 底部	

作业任务描述	燃机压气机进气挡板检修

	潜在的危险		防范措施
1	工器具使用不当，可能造成机械伤害	1	工器具使用前要认真检查，严禁使用有缺陷的工器具
2	电动工器具使用不当，可能造成人员触电	2	电动工器具使用前要确认检测合格，电源线无破损或无漏电部位，方可使用
3	安全措施有误，可能造成人员伤害	3	工作许可人、工作负责人核对安全措施无误后，方可开工

1.134 燃机燃烧器进气喷嘴紧固作业危险预知训练卡

作业任务	燃机燃烧器进气喷嘴紧固	作业类别	检修	作业岗位	燃机检修工
资源准备	铜制一套、可燃气体检测仪、防尘口罩、护目镜、活动扳手、大锤、手套、防爆照明	作业区域		燃机北侧4.5m平台	

作业任务描述	燃机燃烧器进气喷嘴紧固

	潜在的危险		防范措施
1	天然气有害气体浓度超标，可能造成人员中毒窒息	1	开工前用可燃气体检测仪检查可燃气体浓度是否超标，工作时正确佩戴口罩或防毒面具
2	天然气体浓度超标，附近有明火，可能造成爆炸	2	在进入天然气区域工作时禁止携带火种或手机。工作照明应该使用蓄电池防爆灯具，使用防爆手电
3	大锤使用不当，可能砸伤人员	3	使用大锤紧固时不允许戴手套打锤，不允许疲劳工作
4	工器具不符合使用规定，可能造成机械伤害	4	开工前对工器具逐个进行检查，禁止使用有缺陷的工具

1.135 燃机轴瓦检查作业危险预知训练卡

作业任务	燃机 1 号瓦检查	作业类别	检修	作业岗位	燃机检修工
资源准备	管钳、防尘口罩、护目镜、活动扳手、移动照明、手动葫芦、扭矩扳手、梅花扳手、手套	作业区域		燃机扩散段内	

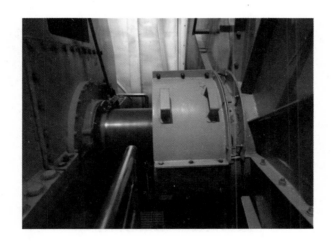

作业任务描述	燃机 1 号瓦检查

	潜 在 的 危 险		防 范 措 施
1	工器具不符合使用规定，可能造成机械伤害	1	开工前对工器具逐个进行检查，禁止使用有缺陷的工具
2	起重作业，可能造成人员挤伤和砸伤	2	起重工作应有特殊作业证人员担任，专人指挥，统一部署
3	吊运过程中，可能造成人员挤伤和砸伤	3	吊运瓦盖时，人员应该站在安全区域内，不可站在瓦盖边或底部
4	照明选用不当，可能造成人员触电	4	选用安全电压电源进行照明

1.136 燃机盘车执行器油缸检修作业危险预知训练卡

作业任务	燃机盘车执行器油缸检查	作业类别	检修	作业岗位	热控检修工
资源准备	管钳、防尘口罩、护目镜、活动扳手、移动照明、手动葫芦、扭矩扳手、梅花扳手、手套	作业区域		燃机盘车	

作业任务描述	燃机盘车执行器油缸检查	
潜在的危险		防范措施
1	工器具不符合使用规定，可能造成机械伤害	1 开工前对工器具逐个进行检查，禁止使用有缺陷的工具
2	安全防护用具穿戴不全或不规范，可能造成人为伤害	2 正确佩戴安全防护用具
3	工作区域狭窄，可能造成人员坠落	3 检修区域空间狭窄，登高要按照要求正确佩戴合格的安全带
4	照明选用不当，可能造成人员触电	4 选用安全电压电源进行照明

1.137 天然气流量计拆装作业危险预知训练卡

作业任务	调压站天然气流量计拆装	作业类别	检修	作业岗位	热控检修工
资源准备	活动扳手、敲击扳手、护目镜、挡板、可燃气体检测仪、加力管、大锤、吊车	作业区域		调压站内	

作业任务描述	调压站天然气流量计拆装

	潜 在 的 危 险		防 范 措 施
1	工器具不符合使用规定，可能造成机械伤害	1	开工前对工器具逐个进行检查，禁止使用有缺陷的工具，应使用铜制工具，如无铜制工具应在敲击扳手上抹上黄油防止产生火花造成爆炸
2	机动车辆进入调压站内产生火花，可能造成爆炸或着火	2	机动车进入天然气调压站内排气管必须安装防火罩
3	大锤使用不当，可能造成砸伤	3	使用大锤时严禁戴手套，严禁进行疲劳作业
4	天然气泄漏造成人员中毒或爆炸	4	工作前应进行通风，人员应站在上风位置工作，定时检测可燃气体浓度

1.138 燃气轮机火检探头更换作业危险预知训练卡

作业任务	燃气轮机火检探头更换	作业类别	检修	作业岗位	热控检修工
资源准备	扳手、行灯、受限空间进出登记表、防尘口罩、安全带、脚手架	作业区域		燃气轮机区域	

作业任务描述	燃气轮机火检探头更换

	潜 在 的 危 险		防 范 措 施
1	受限空间内作业可能造成人员中暑、碰伤等	1	应打开燃气轮机防爆门通风。超过40℃不得进入。应填写受限空间进出登记表，防爆门处应设置1名监护人，随时与内部人员联系。根据身体条件轮流休息。工作结束前必须清点人数
2	燃气轮机余热，可能造成人员烫伤	2	排气温度超过80℃不得开始工作。应正确穿戴劳动防护用品
3	粉尘超标，可能造成肺部疾病	3	正确佩戴统一发放的防尘口罩
4	临时电源漏电，可能造成人员触电	4	应使用36V以下防爆照明，高挂固定；用电设备在检验合格期内，临时电源漏电保护器完好，线缆无破损；进入人孔门处的电源线应加防护
5	高处作业可能造成人员坠落	5	作业前检查脚手架合格；使用合格的双扣安全带，高挂低用；安全带无法钩挂时应装设手扶平衡安全绳
6	罩壳消防系统突然动作，可能造成人员窒息、中毒	6	开工前应对罩壳消防系统手动闭锁进行确认
7	交叉作业可能发生高空落物伤人	7	检查当日作业点上下部，确认无其他工作
8	使用工器具过程中造成工器具伤人。现场工作中被飞落或快速移动的物品击中身体导致受伤	8	使用检验合格的工器具，并正确使用。佩戴安全帽等劳保用品。加强监护、现场设置隔离措施或避开危险场所
9	火检探头安装位置不正确，可能造成信号消失	9	使用光源照射，安装时确保方向正确

1.139 燃气轮机防喘放气阀检查作业危险预知训练卡

作业任务	燃气轮机防喘放气阀检查	作业类别	检修	作业岗位	热控检修工
资源准备	扳手、行灯、受限空间进出登记表、防尘口罩、安全带、脚手架	作业区域		燃气轮机区域	

作业任务描述	燃气轮机防喘放气阀检查

	潜 在 的 危 险		防 范 措 施
1	受限空间内作业可能造成人员中暑、碰伤等	1	应打开所有燃气轮机防爆门通风。超过40℃不得进入。应填写受限空间进出登记表，防爆门处应设置1名监护人，随时与内部人员联系。根据身体条件轮流休息。工作结束前必须清点人数
2	粉尘超标，可能造成肺部疾病	2	正确佩戴统一发放的防尘口罩
3	临时电源漏电可能造成人员触电	3	应使用36V以下防爆照明，高挂固定；检查用电设备在检验合格期内，临时电源漏电保护器完好，线缆无破损；进入人孔门处的电源线应加防护
4	高处作业可能造成人员坠落	4	作业前检查脚手架合格；使用合格双扣安全带，高挂低用；安全带无法钩挂时应装设手扶平衡安全绳
5	罩壳消防系统突然动作，可能造成人员窒息、中毒	5	开工前应对罩壳消防系统手动闭锁进行确认
6	交叉作业可能发生高空落物伤人	6	检查当日作业点上下部，确认无其他工作
7	使用工器具过程中造成工器具伤人。现场工作中被飞落或快速移动的物品击中身体导致受伤	7	使用检验合格的工器具，并正确使用。佩戴安全帽等劳保用品。加强监护、现场设置隔离措施或避开危险场所

1.140 天然气水浴炉控制器检修作业危险预知训练卡

作业任务	天然气水浴炉控制器检修	作业类别	检修	作业岗位	热控检修工
资源准备	行灯、万用表、螺丝刀、扳手、验电笔		作业区域		调压站区域

作业任务描述	天然气水浴炉控制器检查、检修

	潜在的危险		防范措施
1	控制器未备份，可能造成信息丢失	1	开始工作前，做好控制器的备份工作
2	设备未验电，误触带电设备或带电部分，可能导致工作人员触电	2	穿绝缘鞋，戴绝缘手套。对设备进行断电、验电。设专人监护，加强自身防护，保持与带电设备的安全距离，防止误碰带电部分
3	试运行时，旋转机械可能造成撞伤、挤伤、砸伤或工器具打伤、扎伤等	3	设专职人员现场监护，统一协调安排试运行
4	水浴炉余热，可能造成人员烫伤	4	水浴炉本体温度超过80℃不得开始工作，工作前应正确穿戴劳动防护用品

1.141　燃气轮机排气温度元件更换作业危险预知训练卡

作业任务	燃机排气温度元件更换、燃机蜂鸣探头更换、燃机加速度探头更换	作业类别	检修	作业岗位	热控检修工
资源准备	敲击扳手、行灯、受限空间进出登记表、防尘口罩、安全带、脚手架	作业区域		燃气轮机区域	

作业任务描述	燃机排气温度元件更换、燃机蜂鸣探头更换、燃机加速度探头更换

	潜　在　的　危　险		防　范　措　施
1	受限空间内作业可能造成人员中暑、碰伤等	1	应打开所有燃气轮机防爆门通风。超过40℃不得进入。应填写受限空间进出登记表，防爆门处应设置1名监护人，随时与内部人员联系。根据身体条件轮流休息。工作结束时必须清点人数
2	燃气轮机余热，可能造成人员烫伤	2	排气温度超过80℃不得开始工作，工作前应正确穿戴劳动防护用品
3	粉尘超标，可能造成肺部疾病	3	正确佩戴统一发放的防尘口罩
4	临时电源漏电可能造成人员触电	4	应使用36V以下防爆照明，高挂固定；检查用电设备在检验合格期内，临时电源漏电保护器完好，线缆无破损；进入人孔门处的电源线应加装防护
5	高处作业可能造成人员坠落	5	作业前检查脚手架合格；使用合格双扣安全带，应高挂低用；安全带无法钩挂时应装设手扶平衡安全绳
6	罩壳消防系统突然动作，可能造成人员窒息、中毒	6	开工前应对罩壳消防系统手动闭锁进行确认
7	交叉作业可能发生高空落物伤人	7	检查当日作业点上下部，确认无其他工作
8	使用工器具过程中造成工器具伤人。现场工作中被飞落或快速移动的物品击中身体导致受伤	8	使用检验合格的工器具，并正确使用。佩戴安全帽等劳保用品。加强监护、现场设置隔离措施或避开危险场所

1.142 燃气设备压力元件更换作业危险预知训练卡

作业任务	调压站压力原件检查	作业类别	检修	作业岗位	热控检修工
资源准备	行灯、万用表、螺丝刀、扳手、验电笔	作业区域		调压站区域	

作业任务描述	调压站压力原件检查

	潜 在 的 危 险		防 范 措 施
1	燃气泄漏，可能造成爆炸或人员中毒	1	开始工作前，全面检查工作区域天然气含量，超过规定值不得开工；工作时缓慢解开螺栓，确定阀门不内漏时，再全面解开螺栓；使用专门的铜质工具；人员统一身着棉质工作服，不得穿带钉的工作鞋
2	设备未验电，误触带电设备或带电部分，可能导致工作人员触电，对人身造成伤害	2	穿绝缘鞋，戴绝缘手套；对设备进行断电、验电；设专人监护，加强自身防护，保持与带电设备的安全距离，防止误碰带电部分
3	试运行时，旋转机械可能造成撞伤、挤伤、砸伤或工器具打伤、扎伤等	3	设专职人员现场监护，统一协调安排试运

1.143 低压汽包电接点水位计检修作业危险预知卡

作业任务	低压汽包电接点水位计检修	作业类别	检修	作业岗位	热控维护工
资源准备	活口扳手、开口扳手、螺丝刀、万用表、验电笔、生料带、黑胶带、垫片、工具袋、壁纸刀	作业区域		余热锅炉	

作业任务描述	低压汽包电接点水位计检修		
潜 在 的 危 险		防 范 措 施	
1	工器具使用过程可能造成机械伤害	1	正确使用检验合格的工器具，并戴好手套等劳保用品
2	高温高压蒸汽泄漏，可能导致人员烫伤	2	修前确认一次门、二次门关闭，温度降至可工作温度，压力至零
3	高空落物可能造成物体打击	3	工具应有安全绳，扳手、螺丝刀等工具、材料不用时放入工具袋
4	作业时，可能造成人员触电	4	修前进行停电验电。正确穿戴绝缘手套、绝缘鞋等劳保用品

1.144 电动门整定作业危险预知训练卡

作业任务	电动门整定	作业类别	检修	作业岗位	热控维护工
资源准备	活口扳手、开口扳手、螺丝刀、万用表、验电笔、生料带、黑胶带、垫片、工具袋、壁纸刀	作业区域		机房	

作业任务描述	电动门整定

	潜 在 的 危 险		防 范 措 施
1	工器具使用过程可能造成机械伤害	1	正确使用检验合格的工器具，并带好手套等劳保用品
2	作业时，可能造成人员触电	2	正确穿戴绝缘手套、绝缘鞋等劳保用品
3	照明不足可能引起滑跌等伤害	3	准备照明灯具，保证充足照明

1.145 气动门整定作业危险预知训练卡

作业任务	气动门整定	作业类别	检修	作业岗位	热控维护工
资源准备	活口扳手、开口扳手、螺丝刀、万用表、验电笔、生料带、黑胶带、垫片、工具袋、壁纸刀		作业区域		锅炉房和机房

作业任务描述		气动门整定	
潜 在 的 危 险		**防 范 措 施**	
1	工器具使用过程可能造成机械伤害	1	正确使用检验合格的工器具，并带好手套等劳保用品
2	作业时，可能造成人员触电	2	正确穿戴绝缘手套、绝缘鞋等劳保用品
3	压缩空气，可能造成人身伤害	3	压缩空气口不能对人，防止吹伤人。工作位置应侧对阀门
4	照明不足可能引起滑跌等伤害	4	准备照明灯具，保证充足照明

1.146 天然气管道、调压站气体置换作业危险预知训练卡

作业任务	天然气管道、调压站气体置换操作	作业类别	运行操作	作业岗位	运行值班工
资源准备	铜板钩、防爆对讲机、铜扳手、手套、311 检漏仪、314 纯度仪	作业区域		调压站、前置模块	

作业任务描述	天然气管道、调压站气体置换操作

	潜 在 的 危 险		防 范 措 施
1	管道天然气泄漏，可能造成人员中毒伤害	1	运行巡检与维护做好防护品佩戴工作。及时疏散泄漏区人员
2	操作不当，误开误关阀门，可能引起天然气爆炸或气体泄漏伤人	2	按照操作票进行操作。操作前仔细核对设备名称与编码
3	工器具使用不当造成天然气爆炸	3	在燃气管道上工作时应使用铜制工具，禁止穿带铁钉的鞋子；应使用防爆对讲机，禁止在调压站区域接打电话
4	静电未释放，可能引起天然气爆炸	4	穿防静电工作服，进入调压站前释放静电
5	表记损坏或不精确，可能造成置换不彻底，引起天然气空气混合爆炸	5	表记应检验合格，指示正确。调压站充天然气前确保管道内氮气合格，且查漏正常。置换过程应缓慢操作
6	操作位置较高或高处作业，可能造成踏空摔伤或高空坠落	6	操作时注意脚下。应检查检修平台或脚手架牢固可靠，使用合格的双扣安全带，高挂低用

1.147 燃机前置模块投运作业危险预知训练卡

作业任务	燃机前置模块投运	作业类别	运行操作	作业岗位	运行值班工
资源准备	铜板钩、防爆对讲机、铜扳手、手套、311 检漏仪、314 纯度仪	作业区域		前置模块	

作业任务描述	燃机前置模块投运操作

	潜 在 的 危 险		防 范 措 施
1	管道天然气泄漏，可能造成人员中毒伤害	1	运行巡检防护用品佩戴齐全。做好泄漏区域人员疏散工作
2	静电未释放，可能造成天然气爆炸	2	检测周围可燃气体浓度合格方可开始工作。穿防静电工作服，进入调压站前释放静电。调压站充天然气前确保管道内氮气合格，且查漏结果正常
3	操作不当，误开误关阀门，可能引起天然气爆炸或气体泄漏伤人	3	按照操作票要求进行操作。操作前仔细核对设备名称与编码
4	工器具使用不当，可能造成天然气爆炸	4	在燃气管道上工作时应使用铜制工具；禁止穿带铁钉的鞋子；应使用防爆对讲机，禁止在调压站区域接打电话

1.148 天然气进口 ESD 阀检修作业危险预知训练卡

作业任务	天然气进口 ESD 阀检修	作业类别	检修	作业岗位	燃机检修工
资源准备	铜板钩、防爆对讲机、铜扳手、手套、311 检漏仪、314 纯度仪	作业区域		前置模块	

作业任务描述	天然气进口 ESD 阀检修		
潜在的危险		防范措施	
1	天然气泄漏，可能造成人员中毒伤害	1	防护用品佩戴齐全。做好泄漏区域人员疏散工作
2	未按规程作业，可能造成天然气爆炸	2	调压站附近动火时应办理动火工作票。检测周围可燃气体浓度合格方可开始工作
3	操作不当，误开误关阀门，可能引起天然气爆炸或气体泄漏伤人	3	按照操作票进行操作。操作前仔细核对设备名称与编码
4	静电未释放，可能引起天然气爆炸	4	在燃气管道上工作时应使用铜制工具；禁止穿带铁钉的鞋子；应使用防爆对讲机，禁止在调压站区域接电话
5	操作位置较高或高处作业，可能造成踏空摔伤或高空坠落	5	操作时注意脚下。应检查检修平台或脚手架牢固可靠，使用合格双扣安全带，高挂低用

1.149 前置模块过滤分离器排污作业危险预知训练卡

作业任务	前置模块过滤分离器排污操作	作业类别	运行操作	作业岗位	运行值班工
资源准备	铜板钩、防爆对讲机、铜扳手、手套	作业区域		调压站	

作业任务描述	前置模块过滤分离器排污操作

	潜 在 的 危 险		防 范 措 施
1	管道天然气泄漏，可能造成人员中毒伤害	1	运行巡检防护用品佩戴齐全。做好泄漏区域人员疏散工作
2	误开误关阀门，可能造成气体泄漏伤害人身	2	按照操作票要求进行操作，两人进行操作，一人操作一人监护。操作前仔细核对设备名称与编码
3	静电未释放，可能引起天然气爆炸	3	燃气管道上工作时应使用铜制工具；禁止穿带铁钉的鞋子；应使用防爆对讲机，禁止在调压站区域接打电话。穿防静电工作服，进入调压站前释放静电

1.150 调压站流量计切换作业危险预知训练卡

作业任务	调压站流量计切换	作业类别	检修	作业岗位	热控维护工
资源准备	活口扳手、开口扳手、螺丝刀、生料带、黑胶带、工具袋、安全带	作业区域		机房区域	

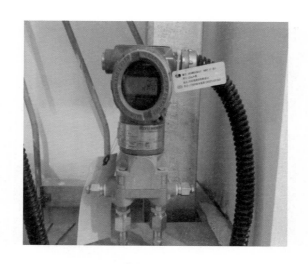

作业任务描述	调压站流量计切换		

	潜 在 的 危 险		防 范 措 施
1	高处作业可能发生高空坠落	1	正确佩戴安全帽，穿防滑鞋。使用合格双扣安全带，高挂低用
2	工器具使用过程可能造成机械伤害	2	正确使用检验合格的工器具，并带好手套等劳保用品
3	高空落物可能造成物体打击	3	工具应有安全绳，扳手、螺丝刀等工具、材料，不用时放入工具袋
4	走错间隔，可能造成误动设备	4	修前确认设备编号及KKS码，确认无误后方可开始工作

2

工程建设典型作业任务
危险预知训练卡

2.1 轮式自行车辆驾驶作业危险预知训练卡

作业任务	轮式自行车辆驾驶	作业类别	工程施工	作业岗位	机动车驾驶员
资源准备	装载机、翻斗车、洒水车等轮式自行车辆		作业区域		火电厂基建现场

作业任务描述	驾驶轮式自行车辆在火电厂基建现场作业

	潜在的危险		防范措施
1	驾驶员无证驾驶，易发生事故	1	班组长利用工前会检查驾驶员持证情况
2	车辆存在缺陷，可能引发车辆伤害	2	驾驶员检查制动、灯光、信号、液压系统工作正常，轮胎安全可靠后方可进场作业
3	超载、超速、疲劳驾驶，可能引发车辆伤害	3	按额定载荷运输、按现场限速标识行驶；连续驾驶时间不得超过4h，每4h停车休息20min以上
4	车辆电气、油系统故障，可能引发火灾	4	立即逃生报警，在保障自身安全前提下扑救初期火灾
5	车辆机械故障，可能引发机械伤害	5	由专人维修，不得自行修理

2.2 土方挖掘施工作业危险预知训练卡

作业任务	土方挖掘施工	作业类别	工程施工	作业岗位	司机
资源准备	挖掘机、运土车辆		作业区域	燃气轮机厂房、汽机厂房、锅炉厂房等	

作业任务描述		基础土方挖掘作业	

	潜 在 的 危 险		防 范 措 施
1	施工车辆未开启声光报警装置，可能造成人身伤害	1	声光报警装置完好并且开启；现场作业人员穿反光背心
2	未按施工要求挖掘导致土方坍塌，可能造成人身伤害	2	挖出的土方堆置高度不超过1.5m，与沟边距离不少于0.8m，坑道坡道不超过35°
3	施工机械噪声和环境粉尘污染，可能引起职业病	3	正确佩戴统一发放耳塞或护耳器和防尘口罩
4	司机违章驾驶，可能造成人身伤害	4	严禁司机无证驾驶、疲劳驾驶，车速超过15km/h和超载拉运
5	人员误入挖掘区域可能造成人员受伤	5	司机注意观察，发现有人，应及时鸣笛提醒

2.3 混凝土浇筑作业危险预知训练卡

作业任务	混凝土浇筑	作业类别	工程施工	作业岗位	司机、浇筑工
资源准备	混凝土罐车、混凝土泵车、塔吊等起重机械		作业区域		冷却塔、汽机厂房、锅炉厂房等

作业任务描述	厂房混凝土浇筑作业

	潜 在 的 危 险		防 范 措 施
1	吊斗或压力喷浆出口管摆动可能造成机械伤害	1	严禁在吊斗或压力喷浆管出口下工作；专人指挥施工机械
2	高空落物可能造成物体打击	2	及时清理高处杂物；正确穿戴安全帽、防砸鞋等防护用品；手锤等工器具应加绳绑扎；使用前后应放入工具袋中
3	浇筑料强度不足，拆除模板，可能导致浇筑物坍塌。脚手架倒塌，可能造成高空坠落	3	混凝土强度检验不合格，严禁进行倒模工作；脚手架使用材质符合国家标准，且已验收合格
4	加热设备和振动器等电器设备可能造成触电	4	穿绝缘鞋、戴绝缘手套；振动器连接线无裸露，接地线牢固，漏电保护器可靠
5	高处作业可能发生高空坠落	5	应在平台上作业，高挂低用双扣安全带

2.4 塔吊起重作业危险预知训练卡

作业任务	塔吊起重作业	作业类别	工程施工	作业岗位	司机司索
资源准备	塔吊、安全带、吊具、索具、对讲机		作业区域		燃气轮机、冷却塔，汽机、锅炉厂房等

作业任务描述	塔吊起重作业

潜 在 的 危 险		防 范 措 施	
1	塔吊倾覆，塔吊钢丝绳断裂，刹车装置和保护装置失灵，可能造成人身伤害	1	作业前检查塔吊基础、刹车、限位无异常；日常维护记录齐全。塔臂和吊物下严禁站人
2	吊装作业吊索、吊具失效以及对吊物捆扎不牢导致吊物脱落，可能造成物体打击和高空落物	2	严禁无证作业；使用前检查吊具索具外观良好；吊物脱离接触面后应检查吊点重心、确保吊物平衡，确认吊物扎牢后再继续起吊或平移；吊装隔离区警示标识齐全，区域内严禁人员出入吊装物下部禁止站人；六级以上大风严禁露天起重作业
3	司机上下塔吊可能发生触电和高空坠落	3	佩带双扣安全带，使用防坠器；塔吊电缆连接牢固，漏电保护装置可靠

2.5 水冷壁焊接作业危险预知训练卡

作业任务	水冷壁焊接	作业类别	工程施工	作业岗位	焊工
资源准备	氩气、铈钨电极、安全带、焊机		作业区域		锅炉炉膛

作业任务描述	水冷壁焊接		
潜 在 的 危 险		防 范 措 施	
1	焊接作业，可能造成眼部和身体灼伤	1	正确佩戴防护眼镜、静电口罩或专用面罩，穿焊工服，穿绝缘鞋
2	焊接时高频电流作用时间长，可能造成高频电流危害人体	2	减少高频电流接通时间，仅在引弧瞬时接通
3	焊接作业可能引发火灾	3	清除现场易燃物，配置灭火器、接火盆
4	高处作业可能发生高处坠物、人员坠落	4	使用合格双挂钩安全带，应高挂低用；落差高度超过10m挂水平网；使用工具袋，较大工具用绳拴在牢固的构件上

2.6　打磨除锈作业危险预知训练卡

作业任务	打磨除锈操作	作业类别	工程施工	作业岗位	钳工
资源准备	钢丝刷、手持砂轮打磨机、护目镜、防护手套、工具袋、安全带等	作业区域		基建施工现场	

作业任务描述	机房、基坑、冷却塔、天然气管线等打磨除锈施工

	潜 在 的 危 险		防 范 措 施
1	高速旋转砂轮叶片、金属碎屑飞溅可能造成人身伤害和职业病	1	检查砂轮机在检验合格期内，护罩齐全，砂轮片合格；操作人员应站在侧面使用，并不得用砂轮片的侧面打磨工件，戴防护眼镜和统一发放的防尘口罩
2	电动工具漏电可能造成人员触电	2	检查用电设备在检验合格期内，临时电源漏电保护器完好，线缆无破损
3	高处作业有可能发生人员高空坠落	3	使用合格双挂钩安全带，应高挂低用，挂在结实牢固的构件上或专用钢丝绳上；落差高度超过5m时应使用防坠器
4	高空落物可能造成物体打击	4	清理高处杂物；正确穿戴安全帽、防砸鞋等防护用品；工器具应加绳绑扎，使用前后应放入工具袋中

2.7　模板拆装作业危险预知训练卡

作业任务	模板拆装作业	作业类别	工程施工	作业岗位	模板工
资源准备	吊装机械、工具袋、安全带	作业区域		基建施工现场	

作业任务描述	机房、冷却塔、烟囱等处模板拆装施工

	潜 在 的 危 险		防 范 措 施
1	高空落物可能造成物体打击	1	吊运模板时，模板应放稳、垫平或绑扎牢固。工具应有安全绳，防止掉落；拆除的模板严禁抛掷，应用绳索吊下或由滑槽（轨）滑下。滑槽（轨）周围不小于5m处应设置警戒区
2	高处作业可能发生高空坠落	2	模板安装高度超过3m时，应搭设脚手架和防护网；应从通道上下；使用合格双挂钩安全带，应高挂低用；应在操作平台内作业
3	用电设备漏电可能造成触电伤害	3	临时电源漏电保护器完好，线缆无破损；应在临时电源线拆除后方可进行拆模业
4	模板拆装时在平台上大量堆放模板，可能造成平台垮塌	4	平台堆放模板不得超过200kg/m²

2.8 桩基作业危险预知训练卡

作业任务	桩基作业	作业类别	工程施工	作业岗位	桩机司机
资源准备	桩机、混凝土罐车、混凝土泵车、起重机械	作业区域		基建施工现场	

作业任务描述	厂房、设备基础桩基施工

	潜 在 的 危 险		防 范 措 施
1	桩机倾覆，可能造成人身伤害	1	严禁无证操作；专人指挥，钢筋笼、套管下方严禁站人。桩机施工区域设置警戒标识；遇雷雨、大雾、雾霾、大雪、六级及以上大风等恶劣天气时应停止作业。当风力超过七级或有强热带风暴警报时，应将桩机顺风向停置，并加缆风绳，必要时应将桩架放倒在地面上
2	桩机设备漏电，可能造成触电伤害	2	打桩机在检验合格期内，接地线完好。检查临时电源漏电保护器完好，线缆无破损
3	配合车辆违章行驶，可能造成人身伤害	3	配合车辆厂区按规定道路限速行驶、打开报警器

2.9 钢筋加工作业危险预知训练卡

作业任务	钢筋加工作业	作业类别	工程施工	作业岗位	钳工、焊工
资源准备	冷拉机、电焊机、防护眼镜、防护手套		作业区域		钢筋加工场

作业任务描述		加工钢筋作业

潜 在 的 危 险		防 范 措 施	
1	焊接作业可能引发火灾	1	清除现场易燃物，配置灭火器
2	加工钢筋操作不当，可能造成人员遭受物体打击	2	手工加工钢筋时使用的板扣、大锤等工具应完好；切割时，严禁直接用手把持长度小于300mm的钢筋
3	加工设备可能出现缺陷，造成机械伤害	3	冷拉用夹头应经常检查，夹齿有磨损不得使用。发现有滑动或其他异常情况时，应先停车并放松钢筋后方可检修。距离冷拉现场两侧各2m以外
4	用电设备漏电可能造成人员触电	4	电焊机严禁带电调整电流。电焊机应有可靠的防触电保护措施。检查用电设备在检验合格期内，临时电源漏电保护器完好，线缆无破损
5	地面尾料扎伤，铁屑飞溅造成人身伤害	5	现场平整，铁屑应及时清理；施工人员穿防砸鞋，戴防护眼镜和统一发放的防尘口罩

2.10 钢架吊装作业危险预知训练卡

作业任务	钢架吊装	作业类别	工程施工	作业岗位	钢架工、起重工、司机
资源准备	塔吊、吊具、索具、工具袋、脚手架、安全带、爬梯、防坠器		作业区域		基建现场

作业任务描述	钢架吊装

	潜 在 的 危 险		防 范 措 施
1	吊装作业吊索、吊具失效以及对吊物捆扎不牢导致吊物脱落,可能造成物体打击和高空落物	1	严禁无证作业;使用前检查吊具索具外观良好;吊物脱离接触面后应检查吊点重心、确保吊物平衡,吊物棱角处防护,确认吊物扎牢后再继续起吊或平移;吊装隔离区警示标识齐全,区域内严禁人员出入吊装物下部禁止站人;六级以上大风严禁露天起重作业
2	高处作业可能发生高空坠落	2	使用合格双挂钩安全带,应高挂低用,上、下钢架挂好防坠器
3	钢架移动中可能碰物伤人	3	起重指挥前,核查工作区域已隔离,发出正确指挥信号。按起重指挥信号操作
4	高空落物可能造成物体打击	4	扳手等工具、螺栓放入工具袋
5	钢架就位地角螺丝未紧固到位,未拉缆风绳,可能导致钢架倾翻	5	紧固就位的钢架地角螺丝,加装缆风绳

2.11 钢筋绑扎作业危险预知训练卡

作业任务	转运站钢筋绑扎	作业类别	工程施工	作业岗位	钢筋工
资源准备	钢筋、模板、脚手板		作业区域		基建现场

作业任务描述	转运站钢筋绑扎

	潜 在 的 危 险		防 范 措 施
1	钢筋绑扎无安全带挂设点可能出现人员高空坠落	1	搭设护栏，完善作业面通道、专人监护
2	人员攀爬登高时，手中拿着工器具可能造成人员坠落	2	作业前完善上下楼梯，完善作业面通道
3	交叉作业时物料坠落，可能发生人员伤害	3	合理安排工作，避免交叉作业，完善安全隔离设施

2.12 汽轮机转子吊装作业危险预知训练卡

作业任务	汽轮机转子吊装	作业类别	工程施工	作业岗位	安装工、起重工、司机
资源准备	行车、吊具、吊索、扳手、转子专用工具、工具袋	作业区域		汽机区域	

作业任务描述	汽轮机转子吊装

潜 在 的 危 险		防 范 措 施	
1	行车或专用吊带失效，造成重物掉落，可能导致人员砸伤	1	司索工、行车司机必须持证上岗；检查确认行车的抱闸、限位、保护可靠，检查吊具、索具合格；作业区域设置隔离，专人看管，禁止非工作人员入内；行车移动时，行车司机必须打铃；吊物吊起前禁止行车移位；吊物脱离接触面后应检查吊点重心、确保吊物平衡、确认吊物扎牢后再继续起吊或平移
2	索具受力时松开卡环，可能导致人员受伤	2	严禁在索具、吊具受力时拆卸卡环
3	作业人员调整、就位转子，可能挤压手部受伤	3	严禁将手伸入结合面和螺丝孔内
4	踏空跌落伤人	4	孔洞加装临时盖板

2.13 临时电源接线作业危险预知训练卡

作业任务	临时电源接线	作业类别	工程施工	作业岗位	电工
资源准备	验电器或验电笔、扳手、钳子	作业区域	施工现场		

作业任务描述		二、三级电源盘柜接线	

	潜 在 的 危 险		防 范 措 施
1	未使用绝缘用具，可能造成人员触电	1	应戴绝缘手套，并穿绝缘鞋
2	未验电，可能造成人员触电	2	用验电笔或验电器验明无电
3	误碰带电设备可能发生触电	3	与临近带电设备保持安全距离，采用绝缘板与带电设备隔离

2.14 无损检测作业危险预知训练卡

作业任务	焊口检测	作业类别	工程施工	作业岗位	探伤作业人员
资源准备	射线探伤设备、人员防护服、警示牌		作业区域		施工现场

作业任务描述		汽机房焊口检测

	潜 在 的 危 险		防 范 措 施
1	作业区域未设置警示牌，可能导致人员误入受伤	1	检查作业区域是否设置足够警示牌，作业前填写射线检测作业通知单，并告知各单位
2	射线源丢失可能伤人	2	严格做好射线源出入库登记、工作前后登记
3	无损检测人员未按要求穿戴好防护服可能导致人员受伤	3	无损检测人员正确穿好防护服

2.15　砌筑作业危险预知训练卡

作业任务	转运站墙体砌筑	作业类别	工程施工	作业岗位	瓦工
资源准备	加气块、水泥砂浆、小推车		作业区域	施工现场	

作业任务描述		转运站墙体砌筑	

	潜 在 的 危 险		防 范 措 施
1	高空不挂安全带可能发生人员高空坠落	1	每天站班会进行"三查、三交"，工作中系好安全带，巡查人员加强监督
2	人员攀爬楼梯、通道杂物多，可能造成人员坠落	2	作业前完善上、下楼梯，完善作业面通道
3	交叉作业时物料坠落，可能发生人员伤害	3	合理安排工作，避免交叉作业，完善安全隔离设施
4	脚手架作业面堆放材料较多，可能发生脚手架坍塌伤人	4	严格按方案要求材料不集中堆放，不超荷载，合理安排工作，做到材料及时使用

2.16　吊篮作业危险预知训练卡

作业任务	输煤综合楼墙面贴砖	作业类别	工程施工	作业岗位	瓦工
资源准备	吊篮、自锁绳、自锁器		作业区域	施工现场	

作业任务描述	输煤综合楼墙面贴砖

	潜　在　的　危　险		防　范　措　施
1	5级及以上大风天气下高处吊篮作业，吊篮与构筑物、建筑物碰撞可能发生机械伤害	1	5级及以上大风天气等恶劣天气严禁使用吊篮作业
2	限位开关等安全装置失效可能导致机械伤害伤人	2	每天作业前安排专人检查各安全装置，对存在隐患的及时消除
3	施工人员未挂安全带，或安全带直接挂在吊篮上可能发生高空坠落伤人	3	一人一根自锁绳和自锁器，过程中加强监督检查
4	多人使用吊篮易发生吊篮超载，可能造成人员伤害	4	吊篮上张贴重量标识和操作规程，每天作业前班组长进行交底

2.17 基坑施工作业危险预知训练卡

作业任务	基坑施工	作业类别	工程施工	作业岗位	机械班组
资源准备	挖掘机，防护栏杆，挡水墙，防水布，支护		作业区域	施工现场	

作业任务描述	基坑施工		

潜 在 的 危 险		防 范 措 施	
1	未按施工方案实施或擅自变更方案可能造成高空坠落、物体打击、坍塌伤人	1	在施工过程中严格按照施工方案进行施工不得无故更改方案，如要更改方案必须重新审批合格后方可
2	机械设备与基坑距离不符合规定又无安全措施，特种作业无有效操作证上岗，可能造成高空坠落、物体打击、坍塌伤人	2	严格控制特种专业人员资格，必须持证上岗，时光前做好安全技术交底，严格按施工方案施工，设立监护人，随时进行监护，一有意外发生，及时制止施工
3	基坑开挖后未设置排水措施，基坑作业支撑系统不符合规范要求可能造成高空坠落、物体打击、坍塌	3	做好临边防护，设立警示标牌，设立监护，设置排水措施砌挡墙，按规范要求做好基坑支撑系统
4	土方开挖时无隐蔽资料可能造成触电伤人	4	在开挖前必须先查看地下隐蔽资料，确定地下无管道、电缆或其他地下设施后方可施工

2.18 油漆防腐作业危险预知训练卡

作业任务	1号吸收塔壁板刷油	作业类别	工程施工	作业岗位	防腐班组
资源准备	安全带、防护用品、油漆、工具		作业区域	脱硫区域1号吸收塔	

作业任务描述	油漆防腐

	潜 在 的 危 险		防 范 措 施
1	高空作业时用的油漆桶、工具等可能造成高空落物伤人	1	高空作业时随身携带工具袋，油漆桶和工具要有防坠落保险绳
2	登高作业可能发生高空坠落伤人	2	作业前认真确认作业平台防护措施到位，安全带高挂低用
3	喷漆工作时无防毒面具可能引起中毒	3	在喷漆工作时要防毒面具。施工前一定要做好安全技术交底，佩戴好防护用具
4	喷涂防腐漆时，遇明火可能发生火灾或爆炸，伤害作业人员	4	在喷涂防腐漆时周围10m严禁有动火作业

2.19 吸收塔防腐作业危险预知训练卡

作业任务	1号吸收塔内防腐作业	作业类别	工程施工	作业岗位	防腐班组
资源准备	安全带、防腐漆、防护用品、使用工具		作业区域	脱硫区域1号吸收塔内	

作业任务描述	1号吸收塔防腐施工

	潜在的危险		防范措施
1	施工区域未进行隔离，可能造成火灾伤人	1	施工区域必须采取严密的全封闭措施，设置1个出入口，悬挂明显的警告标示牌。施工区域10m范围及其上下空间内严禁出现明火或火花
2	施工区域未制定出入制度，可能造成火灾伤人	2	施工区域必须制定出入制度，所有人员凭证出入，关闭随身携带的无线通信设施，不准穿钉有铁掌的鞋和容易产生静电火花的化纤服装
3	受限空间通风不好，可能造成人员窒息和中暑	3	作业空间应保持良好的通风。设置容量足够的换气风机。工作人员应佩戴防毒面具
4	玻璃钢管件胶合黏时使用明火，可能造成火灾伤人	4	玻璃钢管件胶合黏结采用加热保温方法促进固化时，严禁使用明火
5	防腐作业及保养期间未做好隔离措施，可能造成火灾伤人	5	防腐作业及保养期间，禁止在其相通的吸收塔、烟道、管道，以及开启的人孔、通风孔附近进行动火作业。同时应做好防止火种从这些部位进入防腐施工区域的隔离措施
6	未设置专职监护人，防护措施不到位，可能造成火灾或人员伤亡	6	作业全程应设专职监护人，发现火情，立即灭火并停止工作，施工完毕要清点人数，在施工完毕1h后要到防腐区域进行巡检，确保防腐区域无阴燃发生

2.20 垂直攀爬作业危险预知训练卡

作业任务	电除尘安装	作业类别	工程施工	作业岗位	焊工等
资源准备	临时爬梯、垂直绳、自锁器、防坠器、安全带	作业区域		施工现场	

作业任务描述	电场对装墙板

	潜 在 的 危 险		防 范 措 施
1	未正确使用攀登安全防护用具，可能导致坠落伤人	1	正确使用防坠器、自锁器或直接把钩拴挂在爬梯上
2	上方落物可能导致伤人	2	清理高处临边杂物，戴好安全帽及适度系好帽带
3	穿硬底鞋可能导致攀爬中受伤	3	正确穿防护鞋
4	临时爬梯固定不牢可能脱落伤人	4	爬梯安装牢固